Les Avatars du Mot

Présentation de James J. O'Donnell

James J. O'Donnell est un expert de l'Antiquité gréco-romaine et l'auteur de nombreuses études, notamment sur Cassiodore et Saint Augustin. Après un doctorat à l'Université de Yale, il entame une carrière dans l'enseignement. Il enseigne dans différentes institutions américaines (Bryn Mawr College, Catholic University of América, Cornell University), avant de s'établir à l'Université de Pensylvanie, en 1981. En 1990, il participe à la création d'une revue savante en ligne : le *Bryn Mawr Classical Review*. En 1996, il est nommé principal adjoint à la recherche et au développement technologique. Jusqu'en 2002, il est professeur invité dans plusieurs universités et conférencier dans de nombreux congrès et événements.

Le 1er juillet 2002, il devient principal de l'Université Georgetown, à Washington. L'histoire démontrera s'il pourra réaliser et mettre en pratique les critiques qu'il a portées sur l'institution et l'enseignement universitaires mais, dit-il dans sa préface à l'édition française de son ouvrage, « rien n'est aussi facile qu'il ne le paraît ».

LES AVATARS DU MOT

du papyrus au cyberespace

par

James J. O'Donnell

Avant-propos d'Alberto Manguel

Les Éditions ASTED Inc.
2004

Coordination de l'édition	Louis Cabral Robert Chiasson	**Comité de traduction**	Jacques Desnoyers Louis Cabral Robert Chiasson Andrée Paradis
Graphisme	Michel Lavoie		
Page couverture	Patricia Gaury	**Imprimerie**	Métrolitho Imprimeries Transcontinental
Lecture stylistique	Muriel St-Laurent		

Catalogage avant publication de Bibliothèque et Archives Canada

O'Donnell, James Joseph, 1950-
Les avatars du mot : du papyrus au cyberespace / par James J. O'Donnell ; avant-propos d'Alberto Manguel ; comité de traduction, Jacques Desnoyers ... [et al.].

Traduction de : Avatars of the word.
Comprend des références bibliographiques et un index.
ISBN 2-921548-69-0

1. Communication et technologie - Histoire. 2. Communication écrite - Histoire. 3. Cyberespace. I. Titre.

P96.T42O3614 2004 302.23'09 C2004-904444-3

Association pour l'avancement des sciences et des techniques de la documentation (ASTED)

3414, ave du Parc, Bureau 202
Montréal (Québec)
H2X 2H5

Téléphone 514 281-5012
Télécopieur 514 281-8219
Courriel info@asted.org

Distribution

Dimédia

539, boul. Lebeau
Montréal (Québec)
H4N 1S2

Téléphone 514 336-3941
Télécopieur 514 331-3916
Courriel general@dimedia.qc.ca

Dépôt légal — 3e trimestre 2004
Bibliothèque nationale du Québec
Bibliothèque nationale du Canada

ISBN 2-921548-69-0

Imprimé au Canada

À Ann

« Les tigres de tante Jennifer se pavanent dans la nature,
Habitants en topaze radieux dans ce monde de verdure.
Sous l'arbre ils ne craignent point les hommes assemblés
Ils se contentent d'arpenter avec une assurance racée. »
Adrienne Rich

Table des matières

AVANT-PROPOS

En 1989, deux ans avant la fin de la Guerre du Golfe, je me rendis à Bagdad dans le dessein de rédiger un article sur les Jardins suspendus de Babylone que le ministère irakien de la Culture projetait de reconstruire. Comme le projet est resté à l'état d'ébauche, j'ai donc pu explorer l'inextricable labyrinthe des rues de Bagdad. Une expérience me reste particulièrement en mémoire : la découverte, au Musée national, de deux petites tablettes d'argile récemment déterrées en Syrie et datant du quatrième millénaire avant Jésus-Christ. Les tablettes pouvaient tenir chacune dans la paume de la main et portaient de simples empreintes : une petite dépression vers le haut, comme si on avait pressé l'argile du doigt, et au-dessous quelques traits représentant une chèvre à un endroit, et peut-être un mouton à un autre. En observant ces tablettes anciennes dans le Musée, j'essayai d'imaginer l'instant où, en cet après-midi perdu dans la nuit des temps, un de nos ancêtres, anonyme mais néanmoins brillant, avait consigné par des symboles un échange de bétail sur quelques morceaux d'argile. Il léguait ainsi, pour la postérité, l'éternelle magie de l'écriture. Je me rendis compte, toutefois, avec un chagrin digne du lecteur que je suis, que l'écriture n'était pas l'invention d'un poète, mais bien celle d'un comptable.

La main qui avait tracé ces premiers symboles était depuis longtemps retournée en poussière. Les tablettes, quant à elles, survécurent jusqu'à la guerre en Irak, pour disparaître alors dans le saccage du Musée. Lorsque je les vis pour la première fois, dans leur présentoir poussiéreux, je me sentis envahi par l'étourdissante sensation d'assister à une naissance. Le geste grâce auquel un berger avait pu transporter, gravé sur un morceau d'argile, le souvenir d'un nombre précis de chèvres et de moutons, était précurseur des immenses bibliothèques universelles de rouleaux, de codex et de supports électroniques où s'entrepose la mémoire de l'humanité. Ces deux tablettes renfermaient déjà l'avenir de l'écriture : le Livre de Job, les aventures de Superman, *Le Malade imaginaire,* les aventures de Sherlock Holmes, tous les traités de mathématiques et de sciences, les poèmes de Sapho et de Neruda, et j'en passe.

Si les tablettes qui représentent les premiers pas de l'écriture ont disparu, leurs rejetons se portent au mieux et se multiplient à une vitesse ahurissante. Au cours des deux dernières décennies à peine, des ordinateurs sont apparus sur les bureaux, les téléphones sont devenus des télécopieurs et les dictionnaires ont pris la forme de cédéroms. L'art de la lecture et de l'écriture n'aura jamais connu auparavant une évolution aussi fulgurante et à ce point irrésistible. Jusqu'alors, les transformations s'étaient opérées progressivement : la métamorphose des rouleaux en codex s'est étalée sur plusieurs siècles, réticence oblige, et le passage du manuscrit à la page imprimée a exigé de nombreuses décennies de savoir-faire. Érasme aurait sans doute su consulter une bibliothèque du XVIIIe siècle et n'aurait pu que s'émerveiller devant la production insensée d'un aussi grand nombre de livres. Un lecteur des années 1960, par contre, transporté par magie dans une bibliothèque informatisée d'aujourd'hui, aurait peine à y reconnaître une salle de lecture. La transformation a été si rapide et si envahissante que la souligner paraît superflu.

Au milieu de cet incessant tourbillon, James J. O'Donnell nous rappelle qu'il est temps d'amorcer une réflexion. « Imaginer ce que nous, ou nos enfants, deviendrons », dit-il, « est un exercice nécessaire si nous voulons traverser ces changements avec succès et profiter pleinement des opportunités que ce monde nous offre ». Nul doute, la tâche est noble. Mais comment « imaginer ce que nous deviendrons » dans cette inimaginable cyber-jungle complexe et embrouillée, en constante évolution ?

O'Donnell est un classique de profession et l'auteur de l'étude la plus exhaustive à ce jour sur Flavius Magnus Aurelius Cassiodorus, ou Cassiodore, un bureaucrate et érudit latin du sixième siècle. O'Donnell s'est laissé guidé par l'esprit d'une autre époque, dont l'ouvrage *Institutiones* de Cassiodore, un manuel de traitement de texte *avant la lettre*[1], constitue l'étape ultime. Les moines y découvraient des

[1] En français dans le texte.

conseils pour les scribes : comment copier de nouveaux textes en commettant le moins d'erreurs possibles, ou comment éviter la terrible infection du virus de l'hérésie. (Cassiodore proposait même l'équivalent d'un correcteur d'épreuves pour ses moines, intitulé *De ortographia.*) « Je présume », écrit O'Donnell, « que la fin de l'Antiquité latine – le monde de 300 à 600 ans de l'ère chrétienne environ – offre une perspective particulière et pratique d'où nous pouvons examiner le développement de nos façons d'enregistrer, d'utiliser et de transmettre l'écrit ». Partant de là, O'Donnell a décidé d'étudier la bibliothèque d'aujourd'hui avec les yeux d'un Cassiodore moderne.

Dans son admirable étude sur Cassiodore, O'Donnell tente de détruire le mythe romantique de l'érudit latin en tant que sauveur des textes païens dans un monde chrétien. Bien au contraire, selon O'Donnell, Cassiodore croyait que l'étude des classiques se portait très bien et que c'était l'étude des textes chrétiens qui méritait à la fois protection et financement. Des troubles politiques vinrent toutefois bouleverser son projet d'ouvrir une école chrétienne à Rome. Après une période d'exil à Constantinople, Cassiodore retourna en Italie pour y fonder un monastère sur le domaine familial, construire une bibliothèque et former des moines à copier des livres qui pourraient promouvoir la culture chrétienne romaine orthodoxe. On ne peut parler ici d'une véritable réussite, car en permettant à ses moines de travailler sur des ouvrages de Pélage, un hérétique notoire, Cassiodore contribua, en partie du moins, à la survie des idées très peu orthodoxes de celui-ci jusqu'à la fin du Moyen Âge.

Sûr de nous voir déjà nous frayer un chemin dans l'univers des nouvelles bibliothèques, O'Donnell se rapproche de Cassiodore autant par ses intentions fort louables que par ses tâtonnements. En effet, tout est encore à défricher. La technologie a rapidement pris racine, enterrant du même coup nos vieilles étagères et nos anciens bureaux. Elle est aussi en constante évolution : les systèmes d'exploitation concurrents, les mises à jour de logiciels et les innovations techniques dernier cri épuisent les ressources et l'ingéniosité des bibliothécaires modernes. Par contre, malgré les problèmes d'emmagasinage et de catalogage qui se posaient avant les années 1980, le livre lui-même restait plus ou moins inchangé. La transformation constante du support textuel (Ah ! Revienne le temps où l'on pouvait parler simplement de « livres » !) est pour une bibliothèque un véritable cauchemar, digne de Protée. C'est pourtant ce qui nous attend. Les bibliothèques universitaires de nombreux pays industrialisés se font remplacer par des bibliothèques virtuelles où la présence de livres se fait rare.

Le potentiel mnémonique de telles bibliothèques est évidemment considérable, car il s'appuie sur des octets plutôt que sur des mètres cubes. Leur valeur dépendra toutefois du degré de raffinement de leur capacité à indexer et d'effectuer des recherches. « Comment peut-on demander à une mémoire de se transformer au gré de nos attentes culturelles », remarque O'Donnell, pour qui les bibliothèques anciennes et modernes sont aussi un modèle de la société formée par les lecteurs. « Le fantasme partagé des usagers d'une bibliothèque définit la communauté à laquelle ils appartiennent. » Cassiodore aurait acquiescé. « Ce qui représente, pour nous, une collection de livres dépend directement de ce que nous sommes. »

Qui sommes-nous maintenant, en tant qu'usagers de ces bibliothèques virtuelles ? À tout le moins, nous sommes des consommateurs de mots (ruminant prudemment le manuscrit qui se déroule sous nos yeux), non pas comme Cassiodore mais plutôt comme des grignoteurs de documents à consommation rapide (« fast-food texts »), heureux d'apprendre que le Web est international et qu'on peut tout y trouver, depuis des résumés de conférences sur Cassiodore jusqu'aux horaires de vols entre Rome et Constantinople. Et le tout accessible par une simple touche de clavier. Au cœur de ce monde « saturé d'informations », nous prévient O'Donnell, « la bibliothèque virtuelle qui nous dit tout et nous submerge de données ne sera guère appréciée ». En effet, « une des deux fonctions les plus prisées d'une bibliothèque traditionnelle aura toujours été non son caractère inclusif, mais exclusif, c'est-à-dire un discernement qui rejette autant d'éléments qu'il n'en accepte ». La bibliothèque « totale », tout comme la bibliothèque de Babel de Borges, est inutile, sauf pour ceux qui comptent sur la chance infime de trouver ce qu'ils convoitent de leur vivant.

Dans le livre de O'Donnell, un « avatar » signifie une manifestation, « la forme que prend une force abstraite et puissante afin d'être perçue par l'être humain ». Nous frôlons dangereusement la transformation du médium électronique en un dieu qui daigne se révéler au lecteur mortel. Les ruminations de O'Donnell sont toutefois dénuées d'une telle révérence. Il accepte les avatars technologiques du mot avec bonhomie, ajoute à l'occasion un petit résumé finement observé, et ne propose aucune vision apocalyptique de l'avenir, pour le meilleur ou pour le pire. Il n'est pas du camp du George Steiner, qui nous voit en témoins du déclin du livre (*Bücherdümmerung*), ou de celui du professeur Chia-Wei Woo de l'Université de Hong-Kong, qui pressent que c'est le langage lui-même qui deviendra un anachronisme le jour où « de nouveaux moyens de communication postlinguistiques rendront périmée la culture du mot ».

O'Donnell, en éternel Cassiodore, est prudemment optimiste : « Je crois que nous ne pouvons pas nous attendre à des changements simples, que tout changement comporte des coûts et des avantages, des pertes et des gains et que nous qui avons la chance de vivre en ces temps exaltants, devrons faire preuve de courage afin d'adapter ces technologies à nos vies, et nos vies à ces technologies. »

Notre confiance en la survie du mot, tout comme notre envie de le détruire, est aussi ancienne que les premières tablettes d'argile. Contenir et transmettre la mémoire, tirer parti de l'expérience des autres, partager nos connaissances du monde et de nous-mêmes, tout cela fait partie de la puissance (et du danger) des livres et explique en partie l'attirance et la méfiance qu'on leur témoigne. Même parmi les ruines, l'écrit nous interpelle. Il y a quatre mille ans, nos ancêtres en Mésopotamie le savaient déjà. Le Code d'Hammourabi, un ensemble de lois gravées sur une grande stèle de pierre par le roi Hammourabi de Babylone au XVIIIe siècle av. J.-C. et conservé au Louvres, déclare en épilogue : « C'est afin que le plus fort ne puisse porter préjudice au plus faible, afin de protéger la veuve et l'orphelin, que j'ai conjugué ces précieux mots qui sont les miens, écrits sur ma pierre funèbre… Si un tel souverain est sage et en mesure de maintenir l'ordre en son pays, il observera les paroles que j'ai écrites sur cette inscription…

Que les opprimés ayant une affaire en litige … lisent les inscriptions… Les inscriptions lui expliqueront son cas ; ils découvriront ce qui est juste, et leur coeur sera content. »

Alberto Manguel, Mondion, le 21 septembre 2003.

PRÉFACE À L'ÉDITION FRANÇAISE

L'auteur du plus poétique des évangiles chrétiens faisait preuve d'une perspicacité sidérante en affirmant que le « mot » – ce chuchotement d'air qui transporte le sens à travers l'abîme de la collectivité humaine – pouvait s'incarner dans la plus saisissante des formes existantes, celle d'un homme en chair et en os. L'histoire de cette image est au coeur même des cultures occidentales, quoi que l'on pense de l'utilisation qui en a été faite.

Mais les mots vivent et s'incarnent d'une autre façon, plus courante. Bien avant l'époque des évangélistes, la parole a engendré le document. Il y a une sorte de cycle dans cette histoire : des matériaux inorganiques utilisés par ceux qui gravaient les mots sur la pierre, puis d'une série de véhicules organiques (papyrus, parchemin, papier) jusqu'à notre époque où le mot retrouve une vie inorganique sur le silicone, les supports magnétiques et autres. Ces incarnations, plus orientales qu'occidentales, sont davantage les avatars d'une déité changeante que l'épiphanie transcendante d'une déité immuable.

Ce livre est justement né d'une conversation, plus précisément une conversation avec un physicien. En essayant de lui expliquer quelque chose au sujet de l'hypertexte, j'ai eu la chance et la présence d'esprit d'utiliser l'exemple (dont je parle dans ce livre) des canons chronologiques d'Eusèbe de Césarée sur les manuscrits de la fin de l'Antiquité. À l'instant où j'ai établi ce rapport, j'ai tout à coup pu concevoir la façon dont ce livre pourrait utiliser le passé pour comprendre le présent et le présent pour comprendre le passé. La recherche, la rédaction et, encore plus, les conversations se sont déroulées durant encore cinq ans, au milieu des années quatre-vingt-dix, à une époque où les gens les plus instruits se contentaient d'observer le phénomène de l'Internet en faisant preuve de scepticisme et souvent de résistance. Ce que je crois et espère avoir trouvé en poursuivant ces discussions, c'est une façon de relier les pratiques culturelles que nous connaissons et aimons à celles qui nous dépassent et parfois même nous effraient. Ce faisant, mon but est de fournir un idiome et un cadre de référence pour l'interprétation judicieuse de ce qui se passe autour de nous. C'est ce genre de travail qui aide les professeurs des humanités traditionnelles à mériter leur salaire.

La première version de ce livre a été écrite en 1995, dans un minuscule appartement de Seattle, sur un ordinateur emprunté et a été publié aux États-Unis en 1998. Depuis, le monde a beaucoup changé. L'expectative et l'exubérance d'une première génération semblent maintenant assagies par la faillite des compagnies « dot com » et les espoirs qui avaient monté en flèche ne marchent plus que sur la pointe des pieds. Je suis personnellement encore très optimiste, je me souviens que les industries du télégraphe et des chemins de fer des années 1800 ont toutes deux suivi une courbe semblable de progrès florissant, de chute, puis de résurgence consolidée plus forte que jamais. L'âge de l'information est en effet commencé.

Et l'âge de l'information est au cœur des défis et des perspectives qui nous attendent dans le monde en 2004 et au-delà. Nous ne serions pas si menacés par une violence soudaine venant d'ailleurs si ce n'étaient des multiples pouvoirs de la communication électronique – même du plus banal d'entre eux qui permet de distribuer de l'argent à des pirates de l'air à partir du guichet automatique bancaire d'un aéroport à des milliers de kilomètres de leur base d'opération. Mais nous ne pourrions pas non plus – j'en suis absolument convaincu – construire la communauté humaine à une échelle jusqu'à maintenant inimaginable sans ces mêmes outils. Il faut que nous comprenions bien ces outils, dans un sens humaniste large, et que nous en fassions un usage judicieux. C'est à ces conditions que nous pourrons façonner un monde plus humain.

Je suis très reconnaissant envers les éditeurs de leur intérêt pour mon livre et de la nouvelle vie qu'ils lui donnent ainsi dans le monde francophone. Cela amusera peut-être ceux qui liront les derniers chapitres d'apprendre que, depuis cette publication, j'ai été consigné aux rangs de l'administration universitaire, où rien n'est aussi facile qu'il ne le paraît.[2]

James J. O'Donnell

[2] Note de l'éditeur. – Allusion de l'auteur au Chapitre 8 où il critique l'institution universitaire alors qu'il enseignait à l'Université Georgetown, à Washington, où il en est devenu depuis le Principal le premier juillet 2002.

PRÉFACE À L'ÉDITION ANGLAISE

Ce livre s'adresse à ceux qui lisent, utilisent un ordinateur et s'interrogent sur le rapport qu'il y a entre le livre et l'ordinateur. Nous pourrions parfois nous demander si nous ne sommes pas revenus à l'époque décrite dans le roman *Notre-Dame de Paris* de Victor Hugo où le libraire juré de l'Université, brandissant un nouveau livre imprimé, une nouvelle invention à l'époque, s'est écrié : « Plus de manuscrits, plus de livres ! L'impression tue la librairie. C'est la fin du monde qui vient ! » Pour nous, la question est de savoir si l'ordinateur tuera le livre. Si oui, qu'adviendra-t-il de nous, les lecteurs ?

Naturellement, si en lisant ce livre vous vous tournez vers votre voisin et lui posez la question, vous y aurez en quelque sorte répondu. Le mot écrit ou imprimé n'a pas supplanté la parole, il l'a « supplémentée ». Chaque nouvelle génération d'avancements technologiques ajoute aux possibilités et rend plus complexes les interactions entre les différents médias. Nous en bénéficions, tout en y perdant au change.

Ce livre tente d'illustrer comment nous retravaillons aujourd'hui certaines des connexions entre la parole, l'écriture et la lecture. Il offre une perspective historique basée sur les cultures occidentales, de l'antiquité gréco-romaine à nos jours, mais il ne se veut pas une histoire. Les histoires de l'écriture sont nombreuses et mon but n'était pas de les répéter. Ce livre est plutôt une exploration de ce que ces histoires disent de nous, des passés dont nous avons hérité et des avenirs que nous façonnons.

Les cinq premiers chapitres sont des méditations sur des situations historiques destinées à suggérer des moyens de réfléchir sur le temps présent ; les quatre derniers chapitres explorent l'état actuel de l'apprentissage et de l'enseignement. Les chapitres sont dans un ordre plus ou moins chronologique, des temps anciens jusqu'aux temps actuels, mais ils traitent de questions qui ont une portée à travers les temps, donc chaque discussion sur des évènements de l'Antiquité, du Moyen-Âge ou du début de l'ère moderne comporte diverses implications contemporaines. C'est sans doute inhabituel, mais il y a un recours régulier tout au long du livre à un point de vue basé en terrain peu familier, la fin de l'Antiquité latine.

Je présume que la fin de l'Antiquité latine — le monde de 300 à 600 ans de l'ère chrétienne environ — offre une perspective particulière et pratique d'où nous pouvons examiner le développement de nos façons d'enregistrer, d'utiliser et de transmettre l'écrit. La fin de l'Antiquité, bien qu'embrouillée par les habituelles narrations des époques anciennes, médiévales et modernes, a été le point de départ d'un large éventail d'institutions qui existent encore de nos jours. Les églises, les tribunaux, les écoles et les bibliothèques sont le reflet des innovations de cette époque, tandis que les frontières actuelles de l'Europe rappellent étrangement celles qui ont été tracées à la fin de l'Empire romain. En me basant sur les auteurs et les pratiques qui ont vu le jour à cette époque, j'ai choisi une perspective qui reflète forcément ma propre compétence professionnelle en tant qu'érudit et je ne prétendrai pas que ce soit le meilleur choix simplement parce que c'est le mien. Ce sera au lecteur d'en évaluer l'utilité.

Le style de ces chapitres est délibérément associatif et informel. Bien qu'il n'avance aucune ligne de raisonnement, ce livre est structuré en une série de méditations de plus en plus concentrées touchant les questions et les expériences de notre temps. Des discussions plus courtes, que j'ai nommées « hyperliens », apparaissent entre les chapitres, interrompant la ligne principale de discussion pour développer certaines questions dignes d'intérêt.

Si ce livre est extrêmement personnel, voire familier, c'est à dessein. Les idées abstraites que nous avons sur ce que le passé signifie pour nous et sur la manière dont il agit dans notre culture importent peu. Nous comprendrons mieux sa valeur réelle si nous nous occupons de la manière dont ce passé agit dans nos vies actuelles individuelles. Qu'est-ce que ce passé nous apporte ? Ou plutôt, qu'est-ce que la construction commune de ce passé nous apporte ?

La question est aussi pertinente à la lointaine Antiquité qu'elle l'est actuellement pour cette fillette que j'observais dans un autobus. Elle tentait de façon insistante de se joindre à la conversation de ses parents jusqu'à ce qu'elle parvienne à leur mentionner la dernière fois où ils étaient allés à un certain site touristique. Malgré son jeune âge, une note de nostalgie s'est glissée dans sa voix lorsqu'elle s'est rappelé un détail particulier qui lui avait échappé jusqu'alors. Pourquoi a-t-elle eu besoin de se remémorer l'événement et d'en parler ? D'où a-t-elle appris à être nostalgique ? L'histoire collective et l'histoire personnelle sont beaucoup plus puissantes qu'on le pense.

Pour le moment, je raconte ma propre histoire pour tenter un premier pas vers ce genre de réflexion. Le lecteur aura sûrement des réflexions autobiographiques similaires, pas toujours aussi sobres ou respectables que nous aimerions qu'elles soient. L'héritage de notre culture est le total cumulatif de ce que cet héritage signifie pour toutes les personnes qui en font partie et non pas une abstraction cérébrale de ce que celui-ci devrait être ou pourrait être. Comme je le démontrerai, cette vision de « devrait » ou « pourrait » est en soi un facteur qui influence le façonnement des attentes que les gens ont d'eux-mêmes, le façonnement de leurs allégeances comme de leurs rébellions.

Finalement, bien que ce livre soit traditionnel en ce qu'il est constitué de pages et d'une couverture, il n'est pas sans avoir son propre avatar[3] électronique, son propre site Internet, auquel je réfère le lecteur pour du matériel, particulièrement des illustrations, qui complètent de plusieurs façons le livre imprimé. Des adresses Internet sont disséminées à travers le livre pour préciser de façon plus particulière certains points, mais si le lecteur curieux s'aventurait à http://www.georgetown.edu/faculty/jod/avatars/, il y trouverait tout le matériel que j'ai recueilli pour ce livre.

Les gens qui ont assisté à mes conférences ou qui ont fouillé mon site Internet y auront sans doute depuis longtemps vu ce livre

[3] J'utilise tout au long du livre le terme « avatar » uniquement dans son sens de « manifestation » — le sens où une entité abstraite et puissante s'incarne en une forme concrète perceptible par l'humain.

poindre à l'horizon. Bien que ma dédicace exprime ma plus profonde reconnaissance, je dois me limiter à une expression générique de ma gratitude envers tous ceux qui, durant ces années exaltantes, m'ont invité à me joindre à leurs conversations, ne serait-ce que brièvement et d'une position de force, du haut d'une chaire de conférencier.

LES AVATARS DU MOT

Jérôme dans son cabinet (avec son lion)

Antonello da Messina — National Gallery, London

Introduction

L'ÉRUDIT DANS SON CABINET

Le portrait de saint Jérôme, à la page précédente, datant du quinzième siècle, incarne à merveille une image familière : le saint avec son lion dans un cabinet d'étude spacieux, absorbé par ses livres[4]. Pour certains, la beauté de cette scène illustre de façon irrésistible la vie d'érudit : livres choisis, milieu propice, dignité et tranquillité. Lorsqu'un érudit classique regarde cette image, il lui est difficile de ne pas se voir lui-même dans les habits de saint Jérôme. Nos architectures domestiques, nos habits et nos choix de compagnons peuvent différer des siens, mais notre capacité à nous voir plus grands que nature nous permet de nous laisser aller un moment à ce fantasme. Le Jérôme historique, tantôt irascible, tantôt charmant, s'est installé à Bethléem à la toute fin du IVe siècle de notre ère pour se vouer à la traduction latine des textes sacrés en hébreu et en grec, tout en faisant sa propre réclame dans une correspondance soutenue avec les éminences littéraires et sociales du monde romain. À la Renaissance, il était déjà devenu un objet de vénération et un modèle à imiter et avait par le fait même été remodelé ; son image et quelques traces de vénération subsistent encore en nous.

Lorsque nous nous abandonnons au fantasme de nous identifier à saint Jérôme, nous nous adonnons à un vieil exercice. À l'évidence, le moment choisi pour le tout premier dévoilement de ce tableau avait justement pour but de favoriser une amalgamation du présent et du passé. Bien que l'image se veuille clairement celle de Jérôme, les détails de ses vêtements ont attiré l'attention. À l'époque de

[4] Le thème se poursuit, peut-être inconsciemment : « Un ouvrage en cours devient vite sauvage ... il est un lion que vous enfermez dans votre bureau. À mesure que l'ouvrage progresse, il devient de plus en plus difficile à maîtriser... Vous devez lui rendre visite chaque jour et réaffirmer votre domination sur lui. Si une journée vous l'oubliez, vous avez peur, avec raison, d'ouvrir la porte de son antre. Vous y entrez bravement, brandissant une chaise vers la chose en criant : ' Simba ! ' » (Annie Dillard. - *En vivant, en écrivant.* - New York, 1989, p. 52).

cette peinture, il n'existait que deux hommes qui avaient le droit de porter cet habit de légat papal et qui pouvaient donc avoir servi de modèles pour ce portrait. L'un était un vieil homme sans grande importance et l'autre, le diplomate universel Nicolas de Cues dont les ouvrages sont encore aujourd'hui une inspiration pour les érudits et pour une école de pensée.

Un tel amalgame du présent et du passé était sûrement courant durant la Renaissance et demeure encore aujourd'hui une habitude familière de l'esprit. Érasme, par exemple, créa et façonna au début du XVIe siècle son image publique en prenant comme exemples les pères de l'Église mille ans auparavant. Il s'est servi de la technologie de l'imprimerie pour que sa profession de docte paraisse ancienne et digne de foi, bien qu'il fût incontestablement un homme moderne et un entrepreneur audacieux de cette nouvelle invention qu'était le livre imprimé. Une des réalisations d'Érasme en tant qu'érudit a été une biographie de saint Jérôme qui, pour la première fois, se basait non pas sur la tradition hagiographique, mais plutôt sur la lecture complète et l'examen chronologique des lettres de saint Jérôme. Aujourd'hui, si nous examinons sous ce jour l'immense édition moderne des lettres d'Érasme, nous le laissons inconsciemment nous enseigner comment les lire, comme il nous aurait fait lire celles de Jérôme en tant qu'indices historiques transparents nous permettant de le juger de la manière dont il voulait que nous le jugions. Ironiquement, une récente étude démontre que Jérôme a lui-même créé le rôle littéraire et public qu'il a assumé à la fin de l'Antiquité en imitant sciemment Origène, le philologue chrétien du troisième siècle. Érasme et Jérôme ont été les premiers à fabriquer leur propre image.

Ces exercices de sanctionner le présent par le passé peuvent s'avérer très efficaces. Érasme était un moine timidement rebelle sans grand statut social, un chrétien pieux aux idées profondes quoique légèrement singulières et un homme qui à son époque a consacré beaucoup de temps à éluder la polémique qui détruisait l'unité religieuse de l'Europe (tout en lançant lui-même quelques flèches). Cependant, il a réussi, sans doute au-delà de ses propres espérances, à créer l'image du savant chaleureux, amical, disponible, humain et raisonnable qui s'est mérité une approbation dépassant de loin le cercle que les idées qu'il professait sur Dieu et l'homme auraient pu lui laisser espérer pénétrer. Comme Érasme et presque aussi bien que lui, son ami et contemporain Thomas More est également parvenu à projeter pendant longtemps une image de lui le présentant comme un humaniste bienveillant. Mais son dernier biographe a finalement succombé à la tendance du XXe siècle à tout démystifier. Le portrait élogieux de *Un homme pour toutes les saisons* est maintenant éclipsé par l'image du chasseur d'hérétiques. Mais Érasme survit parce qu'il a réussi à substituer l'image à l'homme. L'aspect rébarbatif de certaines de ses opinions disparaît derrière cette image.

L'examen des objections de principe qui peuvent sourdre contre cette sorte de mascarade d'autoportrait ne ferait que souligner certains effets d'une pratique qui a eu cours de tout temps. Le succès engendre l'imitation et l'ambition en raffine l'art. Je ne choisirai que quelques-unes des implications découlant de la manière qu'ont les érudits, en particulier, de se percevoir dans la tradition.

Assis à mon ordinateur, entouré de livres imprimés en série, fier détenteur d'une carte de bibliothèque me donnant accès en tout temps à des millions de livres et moi-même auteur de plusieurs livres également disponibles en bibliothèque, je suis de maintes façons un être très différent d'Érasme ou de Nicolas de Cues. Érasme connaissait le livre imprimé et il s'est empressé d'en tirer profit, et le secrétaire de Nicolas de Cues était l'un des premiers entrepreneurs en imprimerie, des décennies avant Érasme, mais ni l'un ni l'autre n'auraient pu s'imaginer un monde comme le nôtre, inondé de livres. Pour eux, chaque livre était précieux et l'apprentissage était une lutte contre l'inaccessibilité ou la disparition totale des paroles du passé et du présent. (Du temps d'Érasme, on recopiait à la main les livres imprimés, juste pour en posséder une copie.)

Un peintre de la Renaissance effectuant le portrait de saint Jérôme était tout aussi anachronique, car Jérôme vivait à une époque très différente, dans un monde où le codex était en quelque sorte une nouveauté et où le christianisme qu'il défendait commençait à peine à apprendre à gérer une bibliothèque contenant autre chose que des textes sacrés. Même les textes sacrés, difficilement accessibles, n'étaient disponibles que dans des versions dont la traduction laissait beaucoup à désirer. La plus grande réalisation de Jérôme a été de mettre en circulation une version latine meilleure, plus cohérente, de la Bible de son époque. Dès le XVe siècle, le travail de Jérôme soulève la question : comment parvenir à une diffusion universelle de cette Bible ?

Ces inscriptions de nous-mêmes dans le passé, cette renaissance du passé en nous-mêmes, sont distinctement a-historiques de plusieurs façons, mais particulièrement dans la manière dont elles confondent des conditions d'apprentissage et de langage qui sont radicalement différentes. En parcourant un texte grec, Jérôme s'est arrêté sur un mot et a écrit à un ami qu'il se souvenait avoir vu ce mot seulement deux fois auparavant, une fois dans un texte sacré et une fois dans un ouvrage religieux apocryphe. Il avait en effet raison : les trois passages dont il se souvenait sont les seuls endroits (jusqu'à nos jours) où l'on sait que ce mot a été utilisé dans tout l'héritage des textes littéraires grecs. En entendant cette histoire, je m'émerveille devant la puissance de la mémoire de saint Jérôme, sachant qu'en tant qu'érudit moderne partageant avec lui un penchant pour les textes sacrés et la traduction, je n'oserais jamais affirmer pareille chose. J'attribue cela autant à l'éparpillement de mon éducation qu'à mon incapacité à lire puis à retenir tout ce que je voudrais, mais au fond, je soupçonne que les gens de cette époque exerçaient leur mémoire mieux que nous et que la dépendance que nous avons acquise par rapport à l'écrit a sapé nos capacités mnémoniques.

On pourrait aussi dire que l'avantage qu'avait Jérôme sur moi repose sur le vide et non sur le débordement de sa mémoire textuelle. Son esprit n'était pas saturé de séries entières de synapses encombrées par les paroles de chansons vieilles de trente ans, ou d'autres séries entières réservées aux commandes nécessaires pour se servir d'un logiciel de traitement de texte déjà vieux de dix ans, et périmé de surcroît, ni de rames entières de neurones accaparées par un déluge de livres de poche de tous genres, lus en train, au lit ou pendant de tranquilles dimanches après-midi. Si au cours de votre vie vous avez lu peu de mots, mais toujours les mêmes, encore et encore, il vous est sûrement plus facile de vous en rappeler un plus grand nombre.

À l'époque de Jérôme, les études philologiques comparatives ne pouvaient se faire qu'à l'aide de la mémoire. Jérôme n'avait à portée de main ni lexiques, ni index, ni encyclopédies. Ce manque intensifiait l'ardeur et l'attention avec laquelle il lisait : une fois lus, les mots disparaissaient et devenaient inaccessibles, sauf pour ce qu'il en avait retenu. C'est tellement différent de nous, qui nous référons nonchalamment à l'index en fin de livre pour nous rappeler ce que nous venons de lire à peine vingt minutes auparavant. De plus, il ne craignait aucunement la concurrence de technologies plus efficaces. Même si je connaissais à fond l'usage d'un mot particulièrement rare, je n'oserais jamais en parler comme l'a fait Jérôme ; je suis sûr que quelqu'un ayant moins de mémoire que moi surgirait quelques instants plus tard, brandissant un dictionnaire ou la copie papier d'une recherche par ordinateur, poussant un « ha ha ! » retentissant pour me prouver que le mot en question n'a pas été utilisé que trois fois, mais bel et bien cinq ou neuf, et dans des contextes très inattendus.

D'autres remarques sur la mémoire et son histoire suivront, mais déjà, en racontant cette histoire sur la mémoire de saint Jérôme, on se lance précisément dans cette juxtaposition a-historique dont je viens de parler. En cherchant à nous comparer implicitement à Jérôme, nous faisons fi de la plupart des différences et des distances qui nous séparent de lui. Si nous pouvions juxtaposer de manière détaillée le Jérôme qui a écrit la lettre soulignant les trois fois où ce mot avait été utilisé et nous-mêmes, nous serions déroutés par la nature étrangère de cet homme et ne pourrions jamais réussir à le percevoir comme un rival ou un collègue. Le portrait au début de cette introduction étant déjà anachronique et idéalisé de mille ans, le véritable Jérôme, farouchement ascétique dans sa masure à Bethléem — on serait tenté de l'appeler monastère, mais le lieu où vivait Jérôme était beaucoup plus pauvre, délabré et exigu que le mot « monastère » ne pourrait le laisser croire — nous apparaîtrait comme un personnage très peu attrayant. (Sa fameuse relation complexe avec les femmes nous rappelle que cette image est bel et bien celle de l'érudit dans son cabinet. Un des effets les plus importants de ces réinscriptions historiques est qu'elles renforcent les attentes au sujet des rôles sociaux sous toutes leurs formes.)

Nous pourrions poser un geste au nom de l'histoire et larguer le passé parce qu'il est irrécupérable et non pertinent. Lorsque nous nous plaignons qu'un de nos contemporains (ce sont toujours des contemporains plus jeunes que nous accusons de telles fautes) balaye du revers de la main le passé en le qualifiant de non pertinent et qu'il trahit honteusement — aux yeux des plus âgés — son ignorance de l'histoire, il faut se rappeler qu'il a une excuse solidement ancrée dans l'histoire même. Mais nous ne vivons pas encore dans un monde entièrement postmoderne et post-historique, et je ne crois pas que nous réussissions à larguer notre passé, même le plus ancien. Trop de ses vestiges physiques subsistent encore de nos jours, et même si la connaissance précise de l'histoire est écartée ou négligée, le tourisme historique et la fétichisation des monuments continuent de plus belle. Nous ne pouvons pas récupérer ou revivre notre passé, ni souhaiter vouloir le faire ; mais nous pouvons apprendre de lui, si nous sommes prudents, patients et méticuleux. Pour moi, les fruits du passé ont deux aspects. D'abord, le plaisir de « faire de l'histoire » est en soi considérable, cet attrait est suffisant pour poursuivre ce passe-temps, mais peut-être pas assez pour justifier le temps que j'y consacre. Ensuite, l'histoire apporte une clarification du regard, une conscience des différences, un respect pour la nuance et un sens des possibilités de changement.

Il est certain que, de Hérodote à aujourd'hui, l'opinion de la majorité au sujet de l'histoire a été qu'elle a érigé des modèles de vertu que nous nous devons d'imiter. L'érudition critique se voit confrontée à une pluie de flèches verbales lorsqu'elle tente d'ajuster le passé idéalisé pour le conformer aux preuves réelles qui subsistent de nos jours. Newt Gingrich, le président de la Chambre des représentants est le professeur d'histoire le plus en vue et le plus influent aux États-Unis en 1997 ; il opte pour la facilité en empruntant la voie de l'idéalisation, au détriment des faits, lors de ses conférences télévisées sur l'histoire. Mes propres allégeances à l'école des critiques professionnels de l'histoire sont basées en partie sur l'évaluation que je fais de mon propre caractère. Dans l'histoire comme dans ma vie, les modèles négatifs (« Jamais je ne traiterai les gens comme lui le fait ») sont des forces beaucoup plus puissantes et durables dans l'orientation de ma conduite positive que ne le sont les parangons, et ils sont aussi moins faciles à dégonfler.

Par conséquent, la suite de mes propos constitue des méditations historiques prenant comme point de départ spécifique la manière dont les civilisations occidentales passées ont utilisé la parole ou l'écriture en tant que véhicule de culture et en tant que constructeur de ce monde dans lequel les humains pensent vivre — ce que Rilke nomme « Die Gedeutete Welt », le monde interprété. Il existe des études sur les diverses manifestations incarnées de cette fondamentale mais insaisissable particule du discours, le mot. Un mot est une chose polymorphe, après tout. Je pourrais voir le mot comme une série d'ondes sonores se réverbérant dans une pièce vide où je soliloque, mais il est à peu près certain que nul ne pourrait imaginer le mot comme une entité discrète sans la visualisation externe de l'écriture qui le sépare des autres entités semblables. Les mots représentent des choses, mais les mots ne sont connus de nous qu'en tant que signes des choses ; ainsi, ils créent ces choses, ou du moins les différencient, en les représentant.

Un mot peut bien être une série de symboles transmis de centaines de façons (gravés dans la pierre, tracés à la plume sur du papier ou dansant sur un écran sous forme de pixels), et ces symboles peuvent être alphabétiques ou pictographiques (lorsqu'il est possible d'associer la même image à différentes prononciations). La fonction d'un tel objet graphique est habituellement intermédiaire, et toujours artificielle ; et dans l'étude de cet artifice, les meilleurs esprits de toutes cultures ont été amenés au seuil de la distraction. Saint Augustin disait des mots qu'ils étaient « des vaisseaux précieux bien choisis » en parlant de leur sens, mais s'empressait du même souffle de dénoncer le « vin de l'erreur » qu'ils portaient si souvent — comme si les mots n'étaient que des instruments. La sensibilité moderne se garderait d'accorder l'immunité aux mots, car ils peuvent inextricablement porter en eux autant les erreurs de jugement que le principe qui les engendre sous des formes spécifiques.

Pour nous qui vivons à l'aube du XXIe siècle, nulle culture ne pourrait se concevoir sans les mots. Nous nous percevons comme des créatures qui produisent et utilisent le langage, et nous sommes fiers de cette distinction. Mais cette fierté est-elle destinée à durer éternellement ? Récemment, Chia-Wei Woo, physicien émérite et président de la Hong Kong University of Science and Technology, pensait tout haut au jour où même le langage semblerait être un anachronisme — lorsque de nouveaux moyens de communication post-linguistiques rendront périmée la culture du mot. Il est impossible de nier une telle possibilité bien qu'elle aille à contre-courant de l'orthodoxie linguistique. Mais nous devrions nous attarder sur la question de savoir si une forme de communication non assistée sera un jour possible. Une post-langue, en quelque sorte ? Une métalangue — c'est-à-dire un système de substitutions de la pensée et de la réalité qui soient plus perfectionnés, plus efficaces que ceux que nous utilisons avec les mots ?

Nous vivons un moment historique où les médias — dont le mot dépend — changent de nature et élargissent leur portée à un point que nous n'avions pas vu depuis l'invention du caractère mobile en imprimerie. Ces changements se sont développés tout au long du XXe siècle, lorsque la parole renaissait par le téléphone et la radio, et que l'image animée par le film et la télévision complétait le « simple » mot. L'invention et la propagation de l'ordinateur personnel, et maintenant la croissance explosive des liens entre ces ordinateurs par les réseaux mondiaux de l'Internet, créent véritablement un environnement nouveau et transformateur. Les fanatiques proclament bêtement que le livre est mort ; les utopistes chantent et les contre-utopistes se lamentent, chacun pour les futurs qu'ils imaginent dans leurs fantasmes. Personnellement, je crois que nous ne pouvons pas nous attendre à des changements simples, que tout changement comporte des coûts et des avantages, des pertes et des gains, et que nous, qui avons la chance de vivre en ces temps exaltants, devrons faire preuve de courage afin d'adapter ces technologies à nos vies et nos vies à ces technologies.

En écrivant ce livre, mon but a été de rendre plus clair ce qui se passe, ou ce qui pourrait se passer, en pensant à des transformations similaires dans le passé, en observant les réactions des gens à celles-ci et en réfléchissant prudemment au présent et à l'avenir. L'esthétique de finalité et de fixité que nous apprécions aujourd'hui pourrait très bien s'avérer n'être qu'un goût parmi tant d'autres. Voici qu'émerge un monde possible où le discours utile et persuasif n'aurait jamais à choisir de se figer, mais pourrait plutôt continuer à croître et s'amender, à se ramifier et à devenir plus subtil et plus fidèle, en réponse aux expériences continues de ses lecteurs et de ses auteurs ; ce monde pourrait générer sa propre esthétique d'ouverture et d'adaptabilité. Comme j'écris ces mots, quelques neurones commencent déjà à court-circuiter dans mon cerveau, car je sais que la personne que je suis aujourd'hui ne peut saisir une telle transformation — mes mots trahissent cela par le fait que, ce que je veux, c'est tenter de saisir et retenir. Mais le monde est un milieu fluide et il n'est pas toujours tendre envers ceux qui voudraient le fixer, ne serait-ce qu'en partie. Imaginer ce que nous, ou nos enfants, deviendrions est un exercice nécessaire si nous voulons traverser ces changements avec succès et profiter pleinement des opportunités que ce monde nous offre.

Je dois tenter de me voir non seulement dans ce portrait de Jérôme/Nicolas, mais aussi dans les fragments de cet avenir qui ressemble déjà de plus en plus à la science-fiction. Il est rassurant de regarder en arrière, ne serait-ce que pour ceux dont le présent est marqué par un certain confort et certains privilèges. En comparaison, il peut être déconcertant de s'imaginer un monde de l'avenir où ce confort et ces privilèges pourraient ne pas exister. Mais ceux qui parmi nous — même l'élite d'une culture, les professeurs, les savants, les érudits, les écrivains, les artistes et les intellectuels — qui ne voient pas l'avenir ainsi peuvent s'attendre à être marginalisés lors des luttes pour comprendre nos vies et notre monde. Mon propre choix, et j'ai le cœur serré en le faisant, est de résister à la tentation du cabinet paisible de l'érudit, pour chercher à comprendre les lignes écrites aux temps anciens que je connais professionnellement et essayer de voir leur impact sur l'avenir. J'étudie le passé, mais j'ai bien l'intention de vivre dans le futur.

Nicolas Machiavel était le plus égocentrique des hommes, mais il n'était pas fou. Nous le confirmons instinctivement en racontant la plus célèbre des anecdotes de sa vie privée. Il contait à un ami qu'au temps où il était banni et qu'il vivait maussade dans sa maison de campagne, lorsqu'il terminait ses tâches quotidiennes, en soirée, il se rendait à son cabinet de travail. Il s'arrêtait dans le vestibule, s'y lavait les mains, y revêtait une tenue plus formelle, pénétrait dans son cabinet et une fois à l'intérieur, il y entretenait des conversations avec les grands maîtres disparus. C'est dans cette même pièce qu'il a écrit quelques-uns, à tout le moins, des nombreux livres qui ont fait de lui un des premiers auteurs de best-sellers (et de best-sellers scandaleux par surcroît) de l'âge de l'imprimerie. Un homme d'âge moyen « s'habillant » pour s'asseoir seul à son bureau et parler à des gens morts depuis des siècles n'est pas toujours perçu comme sain d'esprit. Mais Machiavel est un emblème de son temps et ce, d'une manière importante qui explique aussi son comportement.

En anglais, c'est un quasi-contemporain de Machiavel et (d'une certaine façon) sa réincarnation, Thomas More, qui, le premier, utilisa le mot « publier » pour décrire une de ses activités littéraires. Bien que l'on parle de « publication » d'œuvres anciennes et médiévales, rien de tel n'a réellement eu lieu. La production de copies était manuscrite et même si on sait qu'il y avait des libraires qui effectuaient plusieurs copies d'un même auteur, le marché dépassait rarement l'entourage immédiat de l'auteur. L'auteur d'un livre manuscrit assumait la responsabilité de ce qu'il avait écrit et le livre lui-même était une production personnelle. Il n'y avait pas de divorce entre le privé et le public.

Mais l'imprimerie a entraîné ce divorce. Le geste d'écrire continuait d'être « fait en privé », si l'on veut, tandis que le geste de rendre le résultat dangereusement public changeait à tout jamais les conditions du discours. Désormais, l'homme travaillait en silence et en secret pour perfectionner ses mots, puis les expédiait vers un monde qui ne connaissait de lui que le livre. « L'auteur » était né.

Cet exemple est quelque peu exagéré et parce que le statut d'auteur existait déjà auparavant. Mais le rôle reconnu de l'auteur et de sa séparation d'avec les mots qui le représentaient auprès d'un large public d'étrangers étaient des phénomènes qui ont pris une intensité nouvelle avec l'introduction de l'imprimerie. Dans son cabinet, Machiavel avait trouvé l'intimité de l'auteur, mais il n'était pas encore tout à fait prêt à y faire face. Il était toujours le vieil homme d'une société du face-à-face et donc, s'il n'avait pas réellement produit son œuvre dans une communauté du discours, il contrefaisait cette communauté par sa charmante histoire. Pendant longtemps, les classiques ont cité volontiers cette histoire, pensant que nous allions nous y reconnaître, comme nous nous reconnaissons dans Jérôme. C'est un autre modèle, mais il est trompeur. Nous savons déjà comment être écrivains, nous savons être solitaires ; au moment de la création, nous prenons plaisir à nous isoler du monde pour mieux nous faire plaisir lorsque nous nous imposons au monde par le geste de la publication. (Que désirent les auteurs lorsqu'ils publient un livre ? Attention, éloges, réaction, notoriété : ils désirent s'imposer afin d'accaparer la scène publique qui leur était inaccessible jusqu'à ce que le geste de la publication soit posé.) Nous ne sommes pas Machiavel, ni Jérôme.

Je « publie » maintenant en ligne une revue électronique de critiques de livres. Quelques-uns de nos analystes ont exprimé leur surprise et leur plaisir d'envoyer leur texte pour le voir publié presque instantanément, et la réaction des lecteurs est presque aussi rapide. Et ceci dans un cadre qui sauvegarde le modèle de l'imprimerie, de la soumission à l'édition jusqu'à la discrète publication. Ailleurs dans le cyberespace, une plus grande partie de notre discours privé rejoint maintenant un public élargi de façon quasi-instantanée plus que jamais auparavant, et parfois on nous blâme pour nos peines. Mais les interlocuteurs de Machiavel ont disparu de la pièce où je travaille, et un monde, littéralement, d'amis, de collègues et d'étrangers, leur a succédé. Où que j'aille, la communauté d'amis et de collègues avec qui je « converse » quotidiennement par courrier électronique m'accompagne, même à l'autre bout du monde. Mais quand je dis que je publie ma revue électronique, je fais encore appel à mon expérience de l'ancienne culture de la même manière que Machiavel le faisait lorsqu'il entrait dans son cabinet. Notre défi aujourd'hui, comme le sien jadis, est de créer l'équilibre entre les modèles anciens et les nouveaux modes de comportement, qui tirent efficacement profit des possibilités d'un nouvel environnement, sans pour autant nous désorienter jusqu'à en oublier qui nous sommes. Machiavel en vêtements sales, sans son cabinet d'écriture spécial et sa conversation avec les grands, ne saurait pas comment être Machiavel. Nos communautés façonnent tout aussi puissamment qui nous sommes, et nos technologies nous donnent le pouvoir de façonner ces communautés.

Chapitre Un

LE PHÈDRE : ÉCOUTANT SOCRATE, LISANT PLATON.

À l'âge de dix-sept ans, j'ai rédigé, dans le cadre d'un examen d'admission à un collège, une dissertation dans laquelle les deux personnages historiques que j'aurais le plus aimé avoir rencontrés étaient Socrate et Jésus. Avec un peu de chance, je n'aurai jamais à relire cette dissertation, mais je me rappelle la note manuscrite du directeur sur ma lettre d'admission disant qu'il aurait bien aimé être avec moi lors de cette rencontre. Parce que je n'ai pas fréquenté ce collège, et n'étant pas certain que je n'aurais pas eu l'occasion d'y « rencontrer » Jésus et Socrate, je devrais sans doute en éprouver du regret ; mais je préfère raconter cette histoire pour évoquer sa familiarité et sa banalité. J'avais choisi ces deux noms pour plaire à mes aînés et ils me venaient d'une tradition d'études culturelles tout à fait ordinaires. Les sages modernes, de Will Durant à Karl Jaspers, auraient sans doute deviné mes intentions et, un peu embarrassés, auraient sagement fait remarquer que Jésus, Socrate, Confucius et Bouddha représentaient chacun des manifestations comparables et (dans le cas des trois derniers) contemporaines d'esprits similaires d'innovation et d'illumination dans les principales cultures du monde ancien. Comme il est étrange et merveilleux, dirait le conventionnalisme, que des cultures si disparates aient eu des vues si similaires. Y avait-il ici une bienveillante providence œcuménique à l'œuvre ? Sinon, comment expliquer cette homologie de sages à travers les cultures dans un cadre temporel si étroit ?

Considérons d'autres points qu'ils ont en commun. Tout d'abord, aucun de ces quatre personnages n'a réellement eu un franc succès de son vivant. Le prestige que nous attribuons à ces quatre noms est né bien longtemps après qu'ils aient vécu. Les écoles de chacun de ces fondateurs ont toutes eu des rivales, souvent pendant plusieurs siècles. En Chine, le taoïsme n'a pas hésité à s'élever contre Confucius et Mo-Tzu ne s'est pas gêné pour le dénoncer. Le bouddhisme s'est rapidement divisé en plusieurs sectes, comme l'a fait le christianisme, même lorsqu'il était concurrencé de l'extérieur. En Grèce plusieurs écoles philosophiques rivalisèrent pour l'héritage véritable de la philosophie, et l'Académie, l'école péripatéticienne, le stoïcisme et l'épicurisme devinrent des marques déposées d'idées. Des quatre, seul Confucius a eu des disciples qui ont pu prospérer sans interruption sur sa terre natale, et eux-mêmes ont commencé à perdre leur influence dans l'enthousiasme de la fin de la période maoïste. Le bouddhisme a survécu et prospéré loin de la patrie du prince Siddhârta Gautama où règne aujourd'hui l'hindouisme. Le christianisme a eu ses moments en Palestine, mais depuis des siècles qu'il est devenu une religion mondiale, sa terre natale a été la plupart du temps aux mains de non chrétiens. Socrate n'a légué aucun culte, mais la puissance de la tradition platonique a connu son apogée des siècles après sa mort sous la forme raréfiée du néoplatonisme et sa terre natale a, elle aussi, été aux mains d'une puissance idéologique étrangère (d'abord chrétienne, puis islamique) durant plusieurs siècles.

Deux autres considérations aideront à clarifier où je veux en venir. Premièrement, ces quatre hommes on été accueillis et vénérés à titre de maîtres : personnages masculins d'autorité, transmettant leur science à de jeunes hommes dans un milieu homo-social. Ce ne sont pas ici des héros de la guerre ou du commerce ; ils sont d'un monde moins quantifiable d'idées et de valeurs où la réputation ne repose que sur la réputation. Deuxièmement, nous avons connu chacun d'eux à partir d'une tradition écrite (même si aucun d'eux n'a personnellement écrit de livres) qui est unanime à encenser son fondateur tout en étant nettement constituée de matériel d'une authenticité hautement variable. (Les textes non élogieux sur ces personnages n'ont pas survécu [Socrate y fait partiellement exception] ; on peut toutefois remarquer à partir de leur histoire qu'ils ont chacun été sujets de controverses et d'oppositions de leur vivant et que leurs écoles respectives partagent toutes la même difficulté à préciser les paroles ou les gestes exacts de leur fondateur.)

Il n'est pas nécessaire que nous percevions ces hommes comme d'extraordinaires manifestations de charisme et de sagesse. Le véritable message de l'apparente harmonie de leurs enseignements réside dans la banalité et l'aspect bienveillant, peu pratique de leur nature. (Notons également que peu des disciples de ces maîtres ressemblent, dans leur façon de vivre ou dans la sagesse de leur discours, au fondateur de leur doctrine.) Par contre, on les voit mieux comme des phénomènes comparables à deux égards.

Tout d'abord, Jésus, Socrate, Confucius et Bouddha viennent d'une époque où, dans leur culture natale, se déroulaient certains évènements connexes. L'introduction de l'alphabétisation menaçait l'hégémonie des aristocraties traditionnelles et en même temps, le commerce grandissant et la multiplication des relations entre sociétés menaçaient l'isolement et la tranquillité des collectivités uniques. Les villes, avec leurs frontières nerveusement perméables et leurs populations changeantes, étaient une inconfortable quoique essentielle partie de la toile de fond sur laquelle se dessinaient ces histoires. Vus sous cet angle, ces quatre personnages, sans parler de leurs concurrents contemporains et quasi-contemporains, idéalisaient un ensemble d'idées contre-culturelles hostiles au tohu-bohu des sociétés florissantes de l'époque. Jésus représente l'isolement et le séparatisme judéens à un moment où une succession d'empires avait définitivement amené la Palestine au sein d'un monde plus grand. Confucius n'a trouvé aucun prince qui fasse de lui son sage en chef, et Platon, le disciple de Socrate, non plus — et Dieu sait qu'ils ont tous les deux essayé. Socrate, on le sait, était en brouille avec sa ville, Athènes. (Dans son cas, son idéalisation d'Athènes nous trompe — sa ville si simple était morte et disparue dans la géopolitique de son temps, détruite par sa propre folie impériale.) Tous ces personnages expriment des sentiments que plusieurs peuvent approuver mais que peu endossent.

Ils ont toutefois en commun une deuxième caractéristique : la façon dont ils ont été accueillis dans les siècles qui ont suivi. Chacun d'eux a réussi dans la ligne d'une tradition que nous pouvons difficilement retracer jusqu'à nos jours, mais leur image dépend beaucoup du fait d'avoir graduellement été réécrit et du même coup assimilé aux normes culturelles occidentales. Ils correspondent à notre image du sage de la contre-culture de l'Antiquité. Tout comme dans leur propre société, ils offraient une solution de rechange véritable à quelques mésadaptés et une possibilité acceptable à beaucoup d'autres ; ils représentent donc pour un directeur des admissions d'un collège du XXe siècle, par exemple, une part de culture occidentale ou de civilisation mondiale qui justifie par sa piété (et son impiété, trois de ces personnages ayant résisté d'une certaine façon à la religion traditionnelle) le chaos désordonné et parfois sanglant d'un monde essayant désespérément de vivre de platitudes.

Pourquoi de tels personnages émergent-ils avec tant de clarté au sein de sociétés où l'alphabétisation devient de plus en plus répandue ? Que pouvons-nous apprendre de la puissance du mot et de ses avatars ? Le cas de Socrate est éloquent et donne aux occidentaux qui l'examinent un chaud sentiment de piété filiale. (On croit que nos jeunes devraient lire Platon sans se demander ce qu'il pourrait leur dire ou quel effet il pourrait avoir sur eux. Sa fonction est totémique, guère idéologique.) Naviguer au milieu du pour ou du contre de l'argument socratique est bon pour orienter l'esprit vers le paysage mythique de l'Occident.

Socrate lui-même ne nous parvient, naturellement, que par écrit et de plusieurs sources. Aristophane, dans *Les Nuées*, nous trace un portrait franchement comique du vieux bonhomme, écrit de son vivant. Socrate passe pour un peu cinglé, mais il est assez drôle. En affectant une grande considération, les érudits s'attardent sur cette image, bien contents de l'avoir, mais sachant qu'en fin de compte ils la rejetteront. D'une manière plus révélatrice, après l'exécution de Socrate en 399 avant notre ère, Xénophon nous lègue des mémoires de Socrate qui tracent un portrait beaucoup moins net que celui de Platon, et Xénophon était plus ou moins un véritable contemporain de Platon. Nous connaissons le Socrate de Platon mieux que tous les autres. Nous prenons plaisir à pénétrer derrière les incrustations platoniques pour y découvrir le véritable Socrate et faire de lui la mouche du coche, le saint patron anticlérical dont nous avons besoin.

Cependant, l'ironie ultime pour Socrate a été celle créée par ses disciples. En faisant de lui un sujet de textes et en faisant de ces textes la doctrine d'une école (qui est rapidement devenue une école parmi tant d'autres qui se concurrençaient à l'époque), ils ont réussi à transformer le Socrate mort en ce qu'il avait le moins été de son vivant : un personnage d'autorité dévoué à l'enseignement de la sagesse.

Ce Socrate chevauche la frontière entre les mondes du discours parlé et écrit. Les textes canoniaux sont eux-mêmes des dialogues, des transcriptions attachantes du mot interactif. Pour trouver le cœur de l'ambiguïté de Socrate, nous devons chercher dans une des plus charmantes et énigmatiques créations de Platon, *Le Phèdre.* Ce petit livre conte l'histoire d'un badinage amoureux entre un homme d'âge mûr et son jeune amant, un après-midi sur la berge d'une rivière. Ils ne font pas l'amour, car ils sont philosophes, mais ils auraient pu le faire et leur discussion traite principalement de la question qu'ils le fassent ou non. C'est aussi un livre à propos des livres, traitant de l'écriture à un moment où ce sujet était relativement nouveau.

Le dialogue philosophique nous est présenté ici comme une alternative aux rapports sexuels. Sans le frisson de se demander s'ils le feront ou non, les discours du début peuvent nous sembler exsangues et abstraits. Ils sont en réalité des déploiements pleins d'esprit de la tension sexuelle et personnelle entourant les relations entre les hommes d'âge mûr bienveillants, mais encore sensuels, et les jeunes hommes dans la société athénienne. Il y a un peu du fruit défendu dans de telles rencontres ; mais les jeux sexuels discrets qui permettaient aux hommes plus âgés de prendre un peu de plaisir n'étaient pas mal vus, et étaient probablement même à la mode. L'esprit, ou si l'on veut la sagesse du *Phèdre,* réside dans la manière avec laquelle ce jeu se termine en une description délirante des pouvoirs de l'amour, sans sexe du tout. Socrate conduit plutôt la discussion — après le faux départ des deux premiers discours, qui offrent une vision volontairement froide et cynique des relations entre les hommes d'âge mûr et leurs cadets — vers une conclusion selon laquelle le discours philosophique, ce frottement entre les esprits à travers le dialogue, est ce qui mène à l'étincelle d'illumination et de perception de la vérité fondamentale : un orgasme propre aux rapports entre les âmes.

Le Phèdre est célèbre comme traité de rhétorique, une partie de la lutte à finir que Socrate menait contre ceux qu'il nommait les sophistes (et à qui il ressemblait bien plus que ses disciples n'aiment l'admettre). Voyons-nous le langage comme personnel et persuasif, ou comme une possession commune utilisée de façon responsable afin d'atteindre la vérité objective ? Il semble que le rhétoricien (tout monologuiste et interprète qu'il soit) utilise la rhétorique comme outil pour manipuler les autres. Socrate propose un contre-modèle, dont il exagère les différenciations, de communication interactive par le dialogue. Pour lui, traiter des questions sérieuses (la justice, par exemple) consiste, « quand on a rencontré une âme bien disposée, à y implanter, avec la science et à l'aide de l'art dialectique, des discours aptes à se défendre eux-mêmes et à défendre aussi celui qui les sema ; discours qui, au lieu d'être sans fruits, porteront des semences capables de faire pousser d'autres discours en d'autres âmes, d'assurer pour toujours l'immortalité de ces semences, et de rendre heureux, autant que l'homme peut l'être, celui qui les détient. » (276d-277a). Dans une œuvre au thème similaire, la *Lettre VII* qu'on attribue à Platon, et qui à tout le moins fut écrite dans son esprit, le même processus dialectique est décrit comme le fait de frotter ensemble des idées et de les soumettre à « des discussions bienveillantes où l'envie ne dicte ni les questions ni les réponses, jusqu'à ce que, sur l'objet étudié, vienne luire la lumière de la sagesse et de l'intelligence avec toute l'intensité que peuvent supporter les forces humaines. » (344b).

Les hypothèses émises ici méritent qu'on s'y arrête. Les orateurs ont encore la même relation d'hommes mûrs autoritaires vis-à-vis une jeunesse docile. Ces rôles diffèrent de celui du sophiste qui enseigne la sagesse ou du rhétoricien qui prononce un discours devant un auditoire muet (ce que Socrate dénonce comme « des récitations visant seulement à faire naître la 'croyance' ». La différence réside dans la manière dont les idées sont reçues par le jeune homme, sa compréhension active et flexible, et dans l'usage qu'il en fait. La plus haute utilisation du langage demeure inégale mais elle naît d'une collaboration ; elle n'est pas une recherche mutuelle de la vérité, mais une forme d'endoctrinement par le dialogue. Lorsque Socrate conclut, il a effectivement fourni un anti-manuel de rhétorique, ou un manuel d'anti-rhétorique, nous montrant comment le langage doit être utilisé pour communiquer la vérité qui se trouve au-delà du langage.

À quel point la représentation par Platon des dialogues de Socrate démontre-t-elle bien le processus que ce dernier décrit ? On ne se tromperait guère en disant que ce que nous devrions y voir est justement le processus lui-même, comme c'est le cas dans le dernier dialogue où le personnage de Socrate déclame autoritairement, mais la forme de dialogue y est plus ou moins maintenue. Ce qui compte, c'est que nous disposions de cette somme de dialogues écrits célébrant un homme qui exprime un profond scepticisme pour l'écriture. Écoutez-le quand il insiste pour que son auditeur accepte « qu'en un discours écrit, quel qu'en soit le sujet, il y a nécessairement beaucoup d'amusement, et que jamais discours, soit en vers ou en prose, écrit ou prononcé, n'est digne de grande estime » (277d). Le texte parallèle de la *Lettre VII* est tout aussi dogmatique : « Tout homme sérieux se gardera bien de traiter par écrit des questions sérieuses et de livrer ainsi ses pensées à l'envie et à l'inintelligence de la foule ... Quand nous voyons une composition écrite ... disons-nous que l'auteur n'a point pris cela au sérieux s'il est sérieux lui-même, et que sa pensée reste enfermée dans la partie la plus sérieuse de l'écrivain. Que si réellement il avait confié à des caractères ses réflexions, comme des choses d'une grande importance, « ce serait donc assurément que non pas les dieux, mais les mortels 'lui ont fait perdre l'esprit'. » (344cd) (Les paroles entre guillemets sont d'Homère, probablement citées de mémoire plutôt que d'un texte écrit.)

Nous pouvons comprendre ce scepticisme si nous considérons les circonstances de lecture et de réception que Socrate imagine. L'écriture pour lui est muette, incapable de s'expliquer elle-même. À l'instar de la peinture, les mots écrits, lorsqu'on les interroge, gardent « dignement le silence ». Si on leur demande leur signification, ils donneront toujours la même réponse et ils ne distinguent pas les lecteurs appropriés de ceux qui ne le sont pas. L'écriture ne dispose pas de cette protection contre le malentendu qu'a la parole.

Les plaintes de Socrate étaient pertinentes. La conversation face-à-face conserve son prestige. Mais nous avons accepté l'écriture en tant que médium et c'est justement pour certaines des raisons contre lesquelles Socrate s'élevait que nous la préférons aujourd'hui. C'est l'objectivité et l'extériorité de l'écriture que nous apprécions maintenant. Les mots écrits restent figés lorsque nous les étudions — il n'y a pas d'interlocuteur pour changer d'idée ou de position. Nous avons développé des techniques d'analyse qui révèlent avec la plus haute précision l'étendue du sens qu'un mot peut avoir. Et lorsque nous examinons l'écriture de cette façon, nous, et celle-ci, atteignons une égalité fonctionnelle qui est absente chez Socrate. Notre vénération de l'auteur de mots écrits est depuis longtemps établie et renforce la puissance des mots, mais nous avons appris à nous défendre de plusieurs façons. Le lecteur d'aujourd'hui ne se voit pas lui-même essentiellement comme le jeune disciple de l'auteur d'un livre ou d'un article, il a été instruit des choses de ce monde. Cet égalitarisme que nous apprécions est une chose que Socrate n'aurait pu ni imaginer ni saisir.

La clé nous permettant de comprendre la forme platonique est dans ce que dit Socrate à la fin du *Phèdre* (276c), où il parle de l'écriture comme d'un « amusement », le fait de jouer à écrire des discours. Ces mots se retrouvent à la dernière page d'un texte où Socrate exprime la satisfaction qu'il retire d'une discussion à laquelle il vient de s'amuser. Ce dialogue tel qu'il est écrit est un modèle pour la manière dont le discours devrait fonctionner, mais il n'est pas un substitut pour le dialogue en chair et en os. La longue tradition de l'exégèse substantielle formelle des textes platoniques est profondément fidèle au Socrate de Platon à tous points de vue, à l'exception du seul qui compte réellement. Elle trahit son héros en se prenant au sérieux ; en se détachant de la poursuite dialogique de la vérité, elle abandonne l'idéal socratique.

Quelle part de cet idéal devons-nous conserver ? C'est là une grande question. Nous pouvons apprécier le dialogue et la communication face-à-face sans dédaigner pour autant les autres formes de communication, les autres médias. (Si nous le faisions de manière sage, nous pourrions un jour voir de nouveaux médias faire renaître d'anciennes formes d'échange avec une vitalité nouvelle.) L'idéalisation socratique d'une forme unique de communication est irréaliste à bien des points de vue. Si nous dépendons de la communication face-à-face, nous condamnons les grandes organisations sociales desquelles nous dépendons pour vivre ; et la communication au-delà des limites de l'espace et du temps — le plus grand bienfait du mot écrit — nous est alors refusée.

De nouveaux interprètes ont récemment démontré comment le langage de Socrate trahissait son idéalisation. À deux reprises dans *Le Phèdre* (276a et 278a), le langage authentique du dialogue est exprimé métaphoriquement comme étant « écrit dans l'âme de celui qui entend ». Par conséquent, pour le Socrate de Platon, le mot écrit est déjà tellement une part constituante du langage qu'il ne peut mentionner ni s'imaginer le mot non écrit autrement que comme non écrit ou, pour utiliser sa métaphore, écrit d'une autre manière sur un alter ego invisible, l'âme. Les avantages que Socrate impute au dialogue ne ressortent que lorsqu'ils sont comparés à l'écriture. En même temps, personne n'aurait inventé l'écriture sans avoir une bonne idée de ses avantages.

Socrate attribue l'invention de l'écriture à un Égyptien mythique (274d) qui prétendait que l'écriture était une drogue augmentant la mémoire et la sagesse – une drogue au sens moderne (comme l'a démontré Derrida ; nous nageons dans Derrida depuis déjà deux paragraphes), une drogue au pouvoir ambigu, qui peut autant guérir qu'empoisonner. Selon Socrate, le roi d'Égypte s'oppose à cette prétention, car le Socrate de Platon a une singulière notion de la mémoire, issue de l'idée qu'il se fait de la réincarnation – nous n'apprenons rien, dit-il, car nous le savions déjà auparavant, on doit simplement nous le rappeler. Toutefois, ce que ces deux visions ont en commun, c'est leur manque d'enthousiasme à examiner la notion de mémoire et encore plus, leur incapacité à distinguer les versions de la mémoire selon les attentes et les expériences des gens qui s'en inquiètent. Pensez à l'anecdote sur la mémoire de Jérôme : ce que nous attendons de la mémoire change à mesure que changent nos attentes.

Il serait plus juste de dire que la mémoire elle-même se conçoit et se re-conçoit culturellement au fil du temps. Les écrivains grecs et romains parlaient avec émerveillement de ceux qui avaient su mémoriser *l'Iliade* ou *l'Énéide*, comme si ces personnes avaient possédé la science infuse. Mais l'idée même d'une répétition orale de textes d'envergure est impossible à imaginer dans une culture ne sachant pas écrire, car il n'existerait aucune façon de vérifier un tel exploit mnémonique. Les bardes de la culture analphabète répétaient continuellement la même histoire, mais en la variant (heureusement), et en l'animant d'une infinité de différences mineures. La récitation mécanique de textes dépend d'un original écrit sur lequel on peut se baser ; et personne ne peut honnêtement se souvenir des exercices de mémorisation de poésie à l'école primaire autrement que comme des récitations plus ou moins précises, faites sur un ton monotone, totalement dépourvues d'inspiration poétique, corrigées seulement pour leur inexactitude.

L'écriture nous a enseigné un nouveau modèle de mémoire. Nos plus récentes idées de la mémoire ne sont guère moins fantastiques, ou moins conditionnées par les technologies de sauvegarde de l'information. À en croire nos contemporains, la mémoire serait comme une bande vidéo sans fin — un enregistrement magnétique de tout ce que nous avons vécu, et qu'à cause d'une erreur en grande partie inexplicable du personnel informatique, nous serions incapables de récupérer toute la bobine. Toutefois, si nous faisons un réel effort, nous pouvons (selon les praticiens de la mémoire réprimée) et souvent réussissons à récupérer toute la bobine. Les ambiguïtés de ces bobines récupérées devraient toutefois nous rappeler que l'idée même de « mémoire » est artificielle : c'est une faculté qui enregistre des choses réelles, des choses telles qu'elles sont. Tout ce que nous savons de la psychologie nous dit qu'avant que l'esprit ne puisse enregistrer ces choses, nos sens et notre intelligence ont révisé et choisi ces réalités d'une manière qui y introduit la subjectivité et même l'erreur. Je suggérerai même que la frontière entre la mémoire et le fantasme est loin d'être imperméable. Paradoxalement, nos inquiétudes par rapport à la mémoire nous forcent à essayer consciemment de différencier les deux. Il est difficile de dire (bien qu'ici, l'anthropologie pourrait peut-être nous aider) jusqu'à quel point une culture sans archives tangibles se sent obligée d'utiliser la fonction de mémoire humaine comme tenant lieu de document. Pour l'instant, mon opinion est que la catégorie de « mémoire » de Socrate, implicite dans la discussion entre l'inventeur de l'écriture et le roi d'Égypte, est déjà façonnée par le fait d'écrire, sans parler des idées socratiques particulièrement singulières (et hautement réactives, à mon avis) sur la façon dont devrait fonctionner la mémoire.

Le prestige de Platon est tel que maints historiens et théoriciens se sont contentés de commencer par ce vieux philosophe belliqueux pour évaluer l'impact de l'écriture et les rivalités qu'elle a engendrées dans la Grèce antique. À notre époque, la discussion a été très animée, en grande partie nourrie par Eric Havelock, ce classique torontois qui par la suite a enseigné à Harvard et Yale. Comme on le faisait dans les années cinquante et soixante, Havelock insistait pour tracer une ligne dure entre « l'oralité » et « la textualité », et voyait le moment platonique dont nous avons parlé comme indiquant le point où « l'esprit grec » s'est assimilé à l'écriture. D'une manière schématique, il apporte plusieurs bons éléments, et il est vrai que presque tout ce que nous apprécions de l'âge d'or de la littérature grecque chevauche la frontière de la tradition orale et de l'écriture. Les différences entre Hérodote et Thucydide, par exemple, l'historien en tant que raconteur et l'historien en tant qu'enquêteur de « faits », sont trop facilement réduites aux concepts « regarder en arrière » et « regarder en avant ».

Une étude récente a fait ressortir plus de raffinement chez Hérodote, par exemple, et plus de traditionalisme chez Thucydide. Rosalind Thomas, dans une étude bien documentée sur un large éventail des conditions du langage parlé et écrit dans l'Athènes classique, a du mal à démontrer ce à quoi nous devrions nous attendre : que les pratiques de la tradition orale et écrite coexistaient, souvent incompatibles mais rarement examinées ou confrontées. La grande erreur consiste à imaginer une frontière nette créée par un unique développement social séparant l'avant de l'après. La leçon à tirer de l'examen historique est que le changement amène la complexité ; une métaphore juste pour le changement social serait multidimensionnelle et déroutante — aussi déroutante que si nous l'avions vécue.

Le meilleur éclairage pour saisir véritablement les idées de Socrate, celles qui cernent les vraies leçons de son scepticisme, provient de la longue histoire de la culture littéraire grecque. La cité parfaite, aristocratique et indépendante des fantasmes de Platon (celle de *La République*) n'est pas morte. La *Lettre VII* constitue notre meilleure source pour vérifier comment Platon y est presque parvenu par son alliance ratée avec un prince sicilien. Et la vraie leçon est que ce philosophe s'est trouvé incapable d'accepter des disciples autrement qu'à ses conditions élevées. Dans ce texte, la critique de l'écriture commence paradoxalement lorsqu'un soi-disant disciple écrivit un livre prétendant incarner les doctrines platoniciennes ; c'est précisément la fidélité textuelle imparfaite de l'étudiant que Platon a attaquée le plus violemment. L'aventure sicilienne de Platon est loin d'incarner ce qu'imagine *La République*, et c'est là une leçon importante.

Plus important encore, durant la génération suivant celle de Platon, les conditions sociales et physiques pouvant favoriser ce fantasme avaient disparu du monde grec, pour toujours semble-t-il. Les conquêtes d'Alexandre ont consolidé ce qui avait été évident depuis un siècle (peu importe à quel point on le niait), à savoir que dorénavant le monde grec ne serait plus constitué de collectivités isolées, unies seulement par les occasionnels liens formels de colonie ou de ville mère. « Le monde » venait d'être inventé, et il n'était plus possible de le « désinventer ». Les différentes collectivités devaient désormais vivre avec la certitude qu'elles n'étaient plus autonomes ou uniques. Les aristocrates se sont accrochés au pouvoir municipal pour vite réaliser que les marchands et les soldats démontraient une déconcertante aptitude à se déplacer, à acquérir des richesses et, en presque une génération, à devenir eux-mêmes des aristocrates. La réfutation décisive du platonisme est un fait historique de la civilisation hellène — une civilisation qui vénérait Platon et Socrate et qui a déclenché le processus d'idéalisation des grands maîtres par pure nostalgie de temps plus simples.

Le scepticisme socratique vis-à-vis l'écriture a pour ainsi dire disparu et n'est mentionné qu'occasionnellement, alors que l'écriture s'établit partout comme le véhicule par excellence des affaires et de la culture. Une meilleure représentation de la vision grecque de l'écriture, bien qu'elle-même un fantasme d'un genre très différent, est l'image totémique de la bibliothèque d'Alexandrie — célébrée dans notre culture jusqu'à maintenant, et dont l'importance si souvent évidente va tellement de soi qu'elle ne peut être vraie. Nos légendes de la civilisation occidentale ont besoin d'Alexandrie comme d'un vaisseau mère, pour ainsi dire, de la tradition bibliothéconomique occidentale. Mais ces légendes doivent elles aussi accepter le fait que la bibliothèque d'Alexandrie a été complètement détruite. Elle n'est pas la seule qui se soit envolée en fumée, la tradition bibliothéconomique hellène et romaine a également disparu ; des textes subsistent, certes, mais aucune bibliothèque de l'antiquité grecque ou romaine n'a survécu. Dans un contexte ancien, la bibliothèque d'Alexandrie représentait à elle seule une conscience collective qui s'étendait à travers le temps et l'espace. Le fait d'aller chercher et de conserver tous les livres produits dans le vaste monde démontrait une conscience de ce monde et un sens aigu de communication avec celui-ci.

Au fil du temps, les réalisations les plus importantes de l'impérialisme antique n'ont plus rien à voir avec la politique et tout à voir avec la langue. La propagation du grec à l'est de la Méditerranée au point qu'il devienne la « lingua franca » des Balkans jusqu'à la Haute-Égypte est un exploit culturel extraordinaire qui a créé une puissante et durable collectivité. L'exploit romain qui a suivi est encore plus important, car les Romains n'ont pas seulement propagé leur langue sur un territoire encore plus vaste, ils l'y ont fait s'incruster : l'Italie, la France, l'Espagne et même la Roumanie parlent tous encore la langue apprise des Romains. Nous savons peu de choses de la transmission orale de ces langues ; ce qui attire toutefois notre attention, c'est que les institutions éducatives et culturelles de la Grèce et de Rome utilisaient astucieusement l'écriture pour étendre et maintenir leur hégémonie culturelle.

Les grandes cités et les grands empires n'ont pas été les seules collectivités à utiliser l'écriture pour assurer leur croissance et leur expansion. Je crois qu'au cours des années qui ont suivi la dissertation sur ma demande d'admission au collège, j'ai continué à lire les mêmes livres, mais j'ai trouvé en eux bien plus que de simples rencontres avec la sagesse des maîtres. Les multiples lectures que je fais maintenant de ces livres — et dont ce chapitre témoigne — sont elles-mêmes les héritières d'un long processus d'invention et d'héritage. Nous vivons à une époque privilégiée entre toutes parce qu'elle reconnaît que la lecture est bien plus qu'une simple opération ; elle est un ensemble d'activités connexes, chacune avec son propre pouvoir d'illumination.

Chapitre Deux

DE LA BIBLIOTHÈQUE D'ALEXANDRIE À LA BIBLIOTHÈQUE VIRTUELLE ET AU-DELÀ

La bibliothèque virtuelle est une idée accrocheuse et d'actualité : « La Californie interrompt ses projets de construction de bibliothèques universitaires. L'État a plutôt l'intention de mettre l'accent sur les « bibliothèques virtuelles » et d'y allouer les budgets nécessaires. Si j'ai bien compris, cela signifie que toute l'information sera désormais accessible par ordinateur et par cédérom. » (*Washington Post*, 21 novembre 1993). La bibliothèque virtuelle est un rêve que beaucoup de gens partagent ; plusieurs l'ont imaginée, mais personne ne l'a encore vue. L'élément principal de cette vision est une vaste collection (idéalement universelle) d'informations auxquelles on peut accéder instantanément, peu importe le lieu physique où elles sont emmagasinées.

La recherche de ce syntagme dans les banques de données informatiques (qui elles-mêmes laissent entrevoir l'arrivée imminente de ressources en ligne rapides) révèle qu'il s'agit effectivement d'une appellation récente, récente à tout le moins dans son sens actuel. On a longtemps parlé d'un concept qui était virtuellement une bibliothèque comme s'il s'agissait d'une bibliothèque virtuelle telle qu'on la définit aujourd'hui, mais il n'y a guère plus de dix ans que les journalistes de la presse informatique ont commencé à faire circuler l'idée suivante : « Considérez, aussi, des bibliothèques virtuelles où vous entrez dans un espace virtuel riche de rayonnages où vous pouvez feuilleter les livres à votre gré. » Pour ces visionnaires, l'idée sous-entendait le port d'un casque et de gants spéciaux, équipement qui semble avoir disparu des dernières discussions concernant les bibliothèques virtuelles. Ce syntagme a fait irruption dans la grande presse il y a relativement peu de temps, en 1987, où le casque était encore de rigueur pour « donner à l'étudiant la capacité de pénétrer visuellement à l'intérieur d'une micropuce et lui faire visiter une bibliothèque virtuelle ou un musée virtuel. »

Cette notion suggère donc une vaste collection accessible instantanément… Mais exprimée en ces termes, l'idée n'est pas si nouvelle. La plupart des discussions récentes sur ce sujet ne manquent pas de mentionner un article de Vannevar Bush, paru en 1945 dans le *Atlantic Monthly*, où il imaginait un appareil appelé le « Memex ». Mais on aurait tout aussi bien pu citer un article paru dans le *New York Times* du 10 septembre 1950 décrivant le « Doken », une machine de lecture rapide capable de parcourir le contenu de tous les livres de la Library of Congress en dix secondes. Notez que cette nouvelle technologie extraordinairement rapide (même selon les normes de 1997) est représentée comme un outil servant à utiliser la traditionnelle, familière et omnisciente bibliothèque institutionnelle d'aujourd'hui. On suppose donc que les structures intellectuelles actuelles sont stables et qu'elles constituent une base utile pour comprendre les nouvelles technologies.

Bien que ce fantasme ait circulé depuis déjà deux générations, nous l'imaginons encore comme une vision moderne qui perçoit au-delà du livre lui-même un avenir visionnaire. En partant de cette hypothèse, ce chapitre a commencé non pas comme un panégyrique du passé de la bibliothèque virtuelle, mais bien comme un hymne de louange à son avenir révolutionnaire. J'avais même la ressource visuelle parfaite pour mettre en valeur cet avenir de la bibliothèque virtuelle, un monument à l'ancienne bibliothèque.

Il y a une vingtaine d'années, lors d'un festival des films de Alain Resnais, j'ai vu un court documentaire que le cinéaste avait produit en 1956 et qui traitait du fonctionnement et des procédés en usage à la Bibliothèque nationale de France, à Paris. Je me souviens de ce film – « Toute la mémoire du monde » – comme étant une œuvre de son temps, chantant les louanges de cette grande institution qui approchait alors l'automne de son existence. J'ai eu bien du mal plus tard à retrouver ce film qui n'avait apparemment jamais été distribué en Amérique. Lorsque je l'ai finalement revu, j'ai mis (bêtement) un certain temps à réaliser que ce que je voyais était très différent de l'idée que j'en avais gardée. C'était bien un film élogieux à l'égard de la Bibliothèque nationale mais le traitement de Resnais m'apparaissait tout à coup révélateur.

Ceux qui ont visionné les premières œuvres de Resnais y reconnaîtraient le ton sombre et lugubre, mais s'amuseraient de sa description de la vie dans cette bibliothèque. Tout y est mécanisé. Ici, une file de préposés chargés de sacs de livres marchent tout raides au son de ce que j'appellerais de la musique de cirque ; là, une armée d'indexeurs, de catalogueurs, de rédacteurs de fiches, d'estampeurs et de préposés au rangement marquent la progression des livres tout au long de cette chaîne d'assemblage jusqu'à ce qu'ils atteignent avec une précision rapide les mains de ceux qui les attendent dans la grande salle de lecture. Pour qui connaît la Bibliothèque nationale, ce service rapide et infaillible est justement ce qui ferait de ce film une fantaisie plutôt qu'un documentaire. Mais, en le revoyant, j'ai été frappé par sa dimension « visionnaire ». Cette vaste collection contenant toute la mémoire du monde est justement la bibliothèque virtuelle que nous sentons si proche. Imaginez un instant le narrateur du film : « Dans un moment, il (le livre) fera partie d'une mémoire universelle, abstraite, indifférente, où tous les livres sont égaux entre eux, où ils jouissent tous ensemble d'une attention aussi tendrement distante que celle de Dieu pour les hommes. Et voici qu'il est choisi, préféré, arraché de sa galaxie, dorénavant indispensable à son lecteur. »

De voir ce rêve d'une bibliothèque universelle dans un cadre technologique différent du nôtre ne signifie pas seulement de reconnaître que ce rêve existait déjà, mais aussi que la technologie qui existait en 1956, et celle qu'on pouvait alors envisager, semblaient être pleinement aptes à le réaliser. Aujourd'hui, le rêve d'une bibliothèque universelle est lesté de micropuces, de claviers, d'écrans, d'écouteurs et d'équipement encombrant, mais un jour, un nouveau rêve reléguera au grenier nos rêves actuels les plus fous où ils rejoindront les rédacteurs de fiches et les préposés au rangement des documents.

Ce qui subsiste, ce qui a subsisté et, je crois, subsistera, c'est le mélange d'ambition et d'aveuglement que les gens partagent au sujet de l'état actuel des choses. Ce que la Bibliothèque nationale croyait idéal en 1956 est la chose même pour laquelle nous croyons devoir attendre encore dix ou vingt ans avant qu'elle ne se réalise. Ce qui a changé, ce n'est pas le rêve, mais plutôt le sens des possibilités techniques.

Le rêve d'une bibliothèque virtuelle date de bien avant 1956 et son histoire peut nous aider à comprendre pourquoi il est encore si puissant. La notion même d'une bibliothèque est extraordinaire et par conséquent fragile. Certes il est difficile de concevoir que les mots d'autres temps et d'autres lieux, fixés à jamais sous une forme immuable, puissent vivre indéfiniment en piles géométriques sans cesse croissantes ; encore moins qu'un être humain, préoccupé par les problèmes réels du quotidien, puisse passer tant de temps à décoder et interpréter les mots que des gens morts depuis longtemps ont écrits. Que cela nous paraisse évident de faire de telles choses révèle un aspect important de cette culture que nous avons créée à partir de l'écriture et de l'imprimé et montre, indirectement, que cette culture est contingente, malléable et loin de toute forme finale d'organisation humaine du savoir.

Si l'élément essentiel de l'idée d'une bibliothèque virtuelle est une combinaison de globalité et d'accès quasi-instantané, ce fantasme rejoint alors en tous points l'histoire du livre. La première évocation de ce rêve provient d'un document très connu du IIe siècle avant notre ère, *la Lettre d'Aristée à Philocrate.* Cette lettre mentionne et justifie l'existence de la première traduction grecque importante des textes sacrés hébreux, qu'on appelle aujourd'hui la Septante (Version des) ; c'est également, selon son auteur, l'ambition de Démétrios de Phalère (le « ministre de la Culture » du roi hellène d'Égypte, Ptolémée, fondateur de la « Bibliothèque » à Alexandrie environ un siècle auparavant) de réunir tous les livres du monde. Même les rayons où étaient rangés les rouleaux de papyrus à Alexandrie jouent un rôle dans la bibliothèque virtuelle : ce mode de rangement économique et pratique permettrait dorénavant d'accélérer l'accès à l'information aux lecteurs.

La bibliothèque d'Alexandrie a longtemps survolé, telle une chimère puissante et mystérieuse, le ciel de notre culture, mais les vrais éléments de notre tradition ne sont pas si anciens et trahissent encore clairement la présence du fantasme de la bibliothèque virtuelle. Cette tradition est latine par son origine, européenne par son développement et désormais occidentale par sa façon de se présenter au monde. On peut expliquer de différentes façons l'évolution de la tradition latine, principalement en rapport avec la transformation culturelle qu'on appelle traditionnellement « la chute de l'Empire romain », mais ses phénomènes étaient complexes et marqués par des innovations dont les effets subsistent jusqu'à nos jours. Un de ces événements décisifs a été l'introduction, entre le IIe et Ve siècle, du codex, pour un usage littéraire formel. Dès lors, les livres produits à l'ancienne manière sur des rouleaux de papyrus devenaient périmés et, par conséquent, peu d'entre eux avaient des chances de survivre dans l'Occident latin. De ces rouleaux, seuls les textes qui ont été transcrits sur des pages reliées (habituellement de cuir plutôt que de papyrus) ont survécu.

La discontinuité entre les collections de la bibliothèque du début et de la fin de l'Antiquité chevauche (en lui ressemblant de très près, mais pas exclusivement) la discontinuité entre la culture littéraire traditionnelle de l'Antiquité et la culture textuelle chrétienne, surtout monastique, du Moyen Âge. La discontinuité apparue entre le grec et le latin est également importante. La littérature classique latine a toujours vécu dans l'ombre de la littérature grecque, mais à la fin de l'Antiquité, la domination du grec se dissipait et le latin pouvait enfin s'épanouir seul. La littérature latine chrétienne se sentait particulièrement redevable vis-à-vis son passé grec, mais ne possédait que peu ou pas l'aptitude linguistique pour confronter ce passé ou pour le privilégier. Aux environs du Ve siècle, la Méditerranée occidentale et ses dépendances au nord et à l'ouest devenaient entièrement latines, à l'exception des endroits où les vernaculaires germaniques et romans commençaient à être utilisés. Dans ce même siècle, a émergé une tradition de conscience qui prenait au sérieux les textes écrits et commençait à les organiser d'une manière théorique qui a graduellement donné forme, d'un endroit à l'autre, à une véritable collection de livres.

Comparons par exemple deux livres très influents de cette période qui donnaient des conseils aux savants chrétiens. Aux environs de l'an 397, Augustin a écrit *De doctrina christiana* qui exposait les principes servant à l'interprétation des textes sacrés. Signe d'une religion axée sur les textes, ce traité manquait sérieusement d'indices bibliographiques sur toute documentation secondaire. Augustin écrivait à titre d'évêque ce qui, en vertu de son rang, lui conférait une autorité certaine. Il n'avait donc nul besoin de citer de documentation spécialisée. Cent cinquante ans plus tard, Cassiodore, un homme d'État retraité vivant dans le monastère qu'il avait fondé sur le domaine familial à Vivarium en Sicile, écrivait les *Institutiones* (précis de textes sacrés destinés aux étudiants). C'était désormais au tour du simple érudit de fournir à l'exégète chrétien des conseils d'interprétation, mais dans le cas de Cassiodore, ce travail ne se résumait à guère plus qu'une bibliographie annotée, classée par livres, de la Bible, de tout ce qui avait été dit et enseigné en latin (ou traduit en latin à partir du grec). Cassiodore disposait d'une équipe de traducteurs qui travaillaient à augmenter cette documentation en cours de traduction). À cette bibliographie annotée, l'érudit sicilien a ajouté une autre bibliographie de documentation spécialisée dans des disciplines connexes, dont les soi-disant arts libéraux, car il était convaincu que la rhétorique et l'astronomie étaient des matières qu'un étudiant de la Bible se devait de connaître.

Durant les années qui se sont écoulées entre Augustin et Cassiodore, la collectivité chrétienne latine avait appris à dépendre des textes pour beaucoup de choses. Augustin lui-même avait compilé un catalogue de ses écrits à l'automne de sa vie, produit un traité énumérant et justifiant tous les livres qu'il avait écrits : dorénavant, il n'était plus un simple prédicateur charismatique, mais un homme qui avait à justifier son œuvre. À cette même époque, la Bible traduite par Jérôme (qui devint la *Vulgate*) avait commencé à normaliser les textes sacrés d'usage courant. La bibliothèque d'exégèse était en plein essor. L'œuvre d'Augustin, par exemple, comportait à elle seule plus de cinq millions de mots, au point où Eugippe de Naples, un moine du VIe siècle, produisit une première compilation intitulée *Thesaurorum ex D. Augustini Operibus Selectorum* (une anthologie imprimée d'environ mille pages) pour aider le lecteur de textes sacrés à accéder rapidement aux écrits de ce saint.

À la même époque, Denys le Petit, un moine scythe (la Scythie était située à peu près à l'endroit où se trouve l'Ukraine aujourd'hui) trouvait que les églises latines manquaient de renseignements précis sur le droit religieux, ce qui l'incita à entreprendre une compilation de règles qu'on appellerait plus tard le « droit canon ». L'événement mérite d'être souligné, tant il est novateur. La vie de saint Augustin illustre très bien les carences auxquelles entendait pallier Denys le Petit. En Afrique du Nord vers la fin du IVe siècle, Augustin s'est trouvé en infraction avec une règle que l'Église avait instituée au Concile de Nicée soixante-dix ans auparavant, en étant ordonné évêque du vivant de son prédécesseur, mais il avait l'excuse valable que son église ne possédait pas la copie de ces décisions pertinentes, et donc ignorait la loi.

Au cours de cette période, les évêques de Rome ont commencé à s'approprier le titre exclusif de *papa* (pape) et à utiliser l'écriture sous forme de documents de chancellerie pour établir leur autorité. Par conséquent, non seulement a-t-on une vaste collection de lettres papales exerçant leur influence sur une bonne partie de l'Europe (du Yorkshire à Constantinople), mais aussi des lettres formulaires, preuves d'une chancellerie si occupée qu'elle devait recourir à des gabarits écrits. Un peu plus tard, on produisit un guide appelé le *Liber Diurnus* (livre quotidien) des papes, contenant justement de telles lettres formulaires et duquel le pouvoir papal émergeait de façon probante. Cette sorte de pouvoir a été de plus en plus centralisée et l'autonomie des collectivités municipales en a été diminuée.

Des phénomènes semblables sont apparus dans de nombreux domaines durant cette période. En voici un exemple éloquent. Un dimanche matin au Ve siècle (d'après un historien qui écrivait cette histoire une centaine d'années après, ce qui nous autorise à la situer vers l'an 590), l'évêque Sidoine Apollinaire, de Clermont au sud de la France, se rendait à l'église pour y célébrer l'eucharistie, lorsqu'un farceur lui déroba la brochure (*libellus*) qu'il tenait et qui contenait les prières qu'il devait réciter lors de cette messe. Non seulement l'évêque a-t-il dit sa messe de mémoire, mais la congrégation a été surprise et ravie qu'il en soit capable — les gens s'attendaient déjà à ce qu'il dépende de son texte.

En fait, Sidoine avait probablement lui-même écrit cette brochure, mais à son époque on commençait déjà à écrire de telles choses afin qu'elles soient propagées. Quelques décennies après cette histoire, il était tout à fait normal qu'il n'y ait pas moins de quatre livres servant en même temps à célébrer l'office du dimanche dans l'église d'une grande ville : un sacramentaire destiné à l'évêque, un lectionnaire à partir duquel le diacre pouvait lire les textes sacrés, un *ordo* à l'usage du célébrant, pour s'assurer que personne ne se marche sur les pieds, et un graduel (livre de chants) à l'intention du maître de chapelle. La communauté chrétienne de l'Antiquité, où les gens inspirés par l'Esprit saint exprimaient librement ce qu'ils savaient être la vérité, avait disparu. Les mots pouvaient désormais être choisis et arrangés à l'avance par des gens qui n'étaient pas nécessairement ceux qui auraient à les dire. Les participants à cette liturgie, y compris les évêques, étaient désormais les acteurs d'un scénario écrit : c'était là un changement considérable. Le processus qui s'est alors enclenché culminera mille ans plus tard au Concile de Trente, par la publication d'un missel à être utilisé dans les églises, dictant au prêtre non seulement chaque parole, mais chaque geste et souvent même quels doigts devaient être utilisés pour chacun des gestes de l'office. Dès lors, une grande partie du pouvoir et de l'autorité liturgique quittait l'église pour se retrouver aux mains d'un pouvoir central. La domination des textes amenait la domination du peuple.

C'est un modèle familier. Une telle centralisation est assurément à la fois coûteuse et bénéfique. L'autonomie et la spontanéité perdues sont compensées (aime-t-on croire) par l'assurance, l'autorité, la cohérence et la prévisibilité qu'on y gagne. Je ne cherche pas à dénoncer ce développement, mais à attirer l'attention sur un stade important dans son évolution. C'est entre le IVe et le VIe siècle que nos ancêtres ont créé un ensemble particulier de logiciels (lettres de chancellerie et missels, par exemple) pour administrer leur vie. À l'extrême, de petites communautés se sont organisées autour d'un genre de texte que Jésus n'aurait jamais pu imaginer, la règle monastique. La familière *Règle de saint Benoît* ou, encore, la *Règle du Maître*, beaucoup moins connue, où l'obsession de la discipline est encore plus grande, laissent entrevoir ce qu'était la vie dans de telles communautés. Mais la caractéristique la plus importante d'un tel texte réside dans le fait que la vie d'une communauté ne dépende plus d'un choix spontané, de la sagesse ou d'une tradition ancienne transmise oralement, ni non plus d'un chef charismatique, mais plutôt de règles et de directives spécifiques écrites sur une feuille de papier. La *Règle de saint Benoît* exige d'être lue plusieurs fois à haute voix à chaque novice, puis lue et relue passage par passage à toute la communauté monastique, formant un cercle qui renouvelle l'autorité textuelle.

Cette dépendance aux textes que je viens d'illustrer suppose que quelqu'un soit en possession de textes et que ceux-ci soient accessibles. Les collections des bibliothèques de la fin de l'Antiquité ne sont pas très bien documentées et cette brèche dans la preuve est regrettable. Des bibliothèques existaient sous l'autorité papale à Rome, et les collections de Eugippe et Cassiodore en ont laissé des traces intéressantes, parmi lesquelles une vignette de Sidoine décrivant sa propre bibliothèque. Celle-ci était pourvue de sièges séparés pour les hommes et les femmes : à un bout, les femmes convenablement entourées par les travaux des Pères de l'Église et à l'autre bout de la pièce, là où les dangereux livres « païens » étaient gardés, les hommes.

Il existe aujourd'hui des collections entières de manuscrits préservées avec soin dans le monde latin depuis le Ve siècle. Vérone a conservé quelques-uns de ces manuscrits, mais c'est à la bibliothèque du Vatican qu'on en trouve le plus. Nos véritables connaissances des bibliothèques nous viennent cependant d'une époque ultérieure, celle qu'on a appelé la Renaissance carolingienne du IXe siècle, époque où commençaient à émerger plusieurs bibliothèques dont on dit qu'elles ont hérité des collections de la fin de l'Antiquité. La sélection et l'arrangement des textes de ces bibliothèques respectent religieusement les principes établis aux Ve et VIe siècles. C'est à des textes comme la liste autobiographique des œuvres d'Augustin que l'on doit le fait que plusieurs de ces bibliothèques aient conservé un fort pourcentage de tels livres. Ces collections médiévales étaient aménagées d'une manière moderne, plutôt qu'antique ; la vérité objective était placée au centre de la collection et tout le reste était rangé autour pour des raisons d'utilité et non d'esthétisme. À cette époque, les textes que nous considérons comme des classiques se trouvaient au bas de la liste d'inventaire des bibliothèques, quand ils y figuraient, et les textes de grammaire latine qu'ils étaient sensés illustrer y étaient adjoints.

Du milieu jusqu'à à la fin du Moyen Âge, l'histoire du livre et de la bibliothèque est abondamment documentée et étudiée en profondeur. Dans sa remarquable interprétation, *The Implications of Litteracy* (Princeton, 1982), Brian Stock révèle une richesse implicite en réalisant qu'il existait plusieurs chevauchements de communautés formées autour de bibliothèques virtuelles — c'est-à-dire des collections de textes partagées intellectuellement et de façon pratique par des groupes de lecteurs.

L'invention de l'imprimerie a transformé beaucoup de choses et son histoire a maintes fois été racontée, mais certains éléments essentiels ne changeaient pas. Malgré de nombreuses perturbations, le noyau principal des producteurs et des utilisateurs de textes demeurait assez constant — le même clergé et les mêmes aristocrates. Certains ex-moines sont bien sûr devenus professeurs d'université (Luther est un exemple parfait), mais en général la continuité de la communauté de textes s'intensifiait. Le codex demeurait la forme courante, et les techniques qui contribuaient à son hégémonie à la toute fin d'une culture exclusivement manuscrite en facilitaient désormais l'exploitation. Les index, les renvois et les tableaux se multipliaient. Plusieurs bibliothèques ayant prospéré à la fin du Moyen Âge survivent de nos jours, même physiquement, souvent au cœur d'institutions encore vigoureuses, comme c'est le cas pour la salle Duke Humphrey à la bibliothèque Bodléienne d'Oxford. Alors que l'Antiquité avait subi des perturbations qui avaient généré la création d'une nouvelle tradition, l'ère moderne à ses débuts avait toutes les occasions et toutes les raisons de transformer son héritage, mais elle devint plutôt remarquablement conservatrice face à une perspective de chaos. La récupération systématique de la littérature grecque et latine et l'emphase délibérée qu'on y a mise créaient l'illusion d'une tradition débutant bien avant les origines de la bibliothèque de la fin de l'Antiquité ont permis d'incorporer l'Antiquité grecque et romaine dans un même continuum traditionnel.

Mais il n'y a pas que la dimension temporelle qui soit importante. Historiquement, les cultures qui dépendaient de l'écriture ont toutes rêvé d'une bibliothèque virtuelle — c'est-à-dire qu'elles ont toutes chéri l'idée d'une collection complète. Ce qu'elles ont accumulé a toujours été loin de ce qui pourrait être considéré comme la totalité des écrits, ne serait-ce que pour une courte période (même les plus grandes bibliothèques ne possèdent qu'une fraction des documents imprimés de leur propre société) et elles ont accordé une grande importance à l'accès à cette totalité. Mais grâce à cette vision, ces institutions physiques ont grandi pour imiter d'une manière ou d'une autre la bibliothèque virtuelle. Enfant, les petites bibliothèques publiques que je hantais incarnaient déjà pour moi, avec imperfection mais aussi avec inspiration, la bibliothèque virtuelle que j'imaginais. Les bibliothèques de recherche où je rôde aujourd'hui sont tout aussi cohérentes et captivantes dans la façon dont elles suggèrent des richesses encore plus grandes qui existent par-delà leurs murs. Dans les deux cas, le rêve est loin de la réalité, mais non moins puissant.

Le rêve que les usagers d'une bibliothèque partagent détermine la collectivité à laquelle ils appartiennent. Il personnifie une vision du monde, (la vision du monde « non romanesque » de la bibliothèque virtuelle de l'âge du codex était différente de la vision du monde « poétique » des collections de l'Antiquité), et semble donc donner une confirmation objective à ce que nous croyons. La conception que nous avons d'une collection complète de livres, par exemple, dépend exactement de qui nous sommes. Ainsi la bibliothèque imaginée fonctionne comme un important transmetteur de culture d'une génération à l'autre, comme ce le fut pour moi dans les bibliothèques publiques de mon enfance.

Que survivra-t-il de la tradition d'une bibliothèque virtuelle dans nos collectivités interconnectées ? Le mot écrit verra assurément son étreinte se relâcher, lorsqu'il dansera en tandem avec les abondants trésors visuels et auditifs. D'autres monuments familiers s'estomperont.

L'auteur est déjà une espèce en voie de disparition et à juste titre. C'est de l'artefact écrit que se nourrit la notion voulant que le discours autoritaire fuse d'une unique voix comme un monologue. Les deux discours verbaux (avant et par-delà l'écriture) et les conversations en réseau qui nous entourent déjà suggèrent l'émergence, au sein du dialogue de voix contradictoires, d'une représentation plus complète du monde. L'idée selon laquelle la réalité peut être réduite à un modèle partagé universellement est au mieux de la fiction pratique et au pire une hallucination qui s'avèrera avoir été dépendante du mot écrit pour son ubiquité et sa puissance.

De la même manière, la notion exigeant que le discours soit fixe pour être valable disparaîtra. La fixité est à nos yeux la seule garantie satisfaisante d'authenticité (la loi américaine sur le copyright exige la fixité pour accorder sa protection), mais la fixité engendre rapidement l'obsolescence. Il n'y a pratiquement aucune page que j'aie publiée en quinze ans d'écriture érudite que je ne changerais maintenant volontiers si je le pouvais, mais je ne le peux pas. Des mots que je sais inadéquats, et dans certains cas faux, continuent de parler pour moi. Je ne suis plus la personne que j'étais lorsque je les ai écrits, mais je suis en quelque sorte encore leur auteur.

Avec l'idée de fixité vient l'idée de durée. On croit que les bons mots sont ceux qui dureront et resteront inchangés. Mais si le monde est en continuel changement, alors assurément les descriptions de ce monde devraient elles aussi changer de manière à refléter ce monde en mutation. Certains de nos ouvrages de référence le font déjà ; toutefois Jane Austen est peut-être immunisée contre la réécriture et devrait le rester. (Je dis cela en étant conscient que d'ajouter au canon des auteurs morts est une mode récente qui suppose que certaines des implications intellectuelles des changements dont je parle commencent à se faire sentir au détriment des auteurs, de Jane Austen jusqu'à Margaret Mitchell.)

La plus grande transformation qu'amènera un tel environnement sera dans la manière dont la culture est transmise. Si l'idée de proposer à l'édification de la jeunesse un ensemble stable et rassurant de textes et de vérités s'estompe, l'orientation que nous devons prendre pour que cette jeunesse puisse accéder à la culture, comme l'ont fait ses aînés, n'est plus du tout claire. Durant des années, j'ai cité avec amusement l'essai du poète John Crowe Ransom sur Princeton à la fin duquel il conclut que, tout compte fait, Princeton est un bel endroit, mais que s'il avait un fils il préfèrerait l'enfermer dans une bibliothèque jusqu'à l'âge de vingt-et-un ans et l'envoyer ensuite à Paris. Paris conservera sans doute pour un jeune de vingt-et-un ans la même valeur qu'autrefois, mais l'idée d'être enfermé dans une bibliothèque, même pour rire, ne représentera probablement pas l'accomplissement que Ransom suppose et les gens se demanderont à quoi il voulait en venir. L'idée même que la totalité de notre culture puisse d'un certaine manière être incorporée dans une bibliothèque disparaîtra. En ce sens, la bibliothèque virtuelle se révèle être un rêve très conservateur.

Si la bibliothèque virtuelle a mille cinq cents ans, pourquoi nous semble-t-elle si actuelle ? Continuera-t-elle à captiver ? J'ai toujours plaisir à citer ce gourou des médias qu'était Marshall McLuhan qui affirmait que le contenu d'un nouveau média de communication est toujours considéré comme un autre ancien média. Ainsi, le cinéma à ses débuts était considéré comme un outil servant à des pièces de théâtre, et il existe encore aujourd'hui des « films pour la télévision » et des « magazines de nouvelles ». Le fermier du début du siècle comprenait que la voiture sans chevaux le conduirait au marché et l'en ramènerait plus rapidement, mais il n'imaginait pas que ce même véhicule ferait passer une autoroute dans son pré et changerait dorénavant sa vie à jamais. Il faut habituellement plusieurs générations pour dépasser le stade de dépendance à un ancien média, puis pour en concevoir un nouveau et enfin, pour réussir à exploiter adéquatement ce nouveau média.

La popularité que connaît aujourd'hui la notion de bibliothèque virtuelle tient au fait qu'elle promet non seulement un avenir exaltant, mais que cet avenir, en demeurant semblable au passé, sera amélioré et plus rapide. On ne peut nier l'utilité de telles idées, mais on doit également en reconnaître les limites. La bibliothèque virtuelle est peut-être déjà périmée.

La différence fondamentale entre les pratiques actuelles et futures sera que les formes d'organisation du savoir dans les médias électroniques ne ressembleront en rien à celles du livre traditionnel. Les méthodes de production et de distribution divergeront encore plus de celles du média imprimé. Bien que la bibliothèque ait traditionnellement collaboré, sous certaines réserves, avec une communauté limitée d'éditeurs (agissant tous deux comme les gardes-barrières d'un nombre limité d'étroits sentiers d'information entre l'auteur et le lecteur), nous voyons aujourd'hui se développer une collectivité composée d'autant d'éditeurs que de lecteurs. La possibilité même d'imaginer la totalité dans un tel monde ne tient pas. Que contiendra le contenu de la bibliothèque virtuelle électronique ? Tout ? Tout quoi ? Le seul fait de poser la question nous rappelle que la fonction la plus précieuse qu'avait la bibliothèque traditionnelle n'était pas d'inclure mais plutôt d'exclure, en d'autres termes son esprit de discernement à laisser autant de choses à l'extérieur qu'à l'intérieur. Nous avons grandi en supposant que l'information était une ressource rare et nous avons conçu notre économie en fonction de cette idée. Mais dans un monde saturé d'informations, la bibliothèque virtuelle qui nous dit tout et nous submerge de données ne sera pas guère appréciée. Le bibliothécaire devra être un participant beaucoup plus actif lorsqu'il s'agira de dissiper « l'info-chaos ». Si nous avons conçu le bibliothécaire traditionnel comme un personnage à l'aise dans les silences discrets et les prudentes transactions d'un roman de Henry James, son successeur trouvera peut-être son modèle chez James Fenimore Cooper ou dans les films de *La Guerre des Étoiles* : un croisement entre l'éclaireur Natty Bumppo et le chevalier Jedi.

Hyperlien

L'INSTABILITÉ DU TEXTE

La culture de l'imprimé nous a appris à attendre à ce que les mots d'un auteur puissent être figés une fois pour toutes en un arrangement durable que le lecteur est sûr de retrouver lorsqu'il ouvre l'exemplaire d'un livre particulier. Dans l'ensemble, cette expectative est valable, mais même dans le monde de l'imprimerie, certaines réserves s'imposent. Il n'est pas rare de constater des différences entre plusieurs éditions d'un même livre ; dans le cas d'une œuvre classique, imprimée par de nombreuses maisons d'édition au fil des ans, il peut survenir des variantes comparables à celles qu'on trouvait jadis dans les manuscrits copiés à la main. Combien de travail doit être investi pour identifier et déterminer l'abondance de ces variantes est tout à fait discutable. Il y a une génération, un tel débat a eu cours entre la *Modern Language Association* d'une part, visant à approuver une série de nouvelles éditions de textes normalisés amenés à un haut niveau de précision éditoriale et d'autre part, le critique Edmund Wilson, qui ne voyait dans ce projet qu'une surabondance de détails pédants et peu d'avantages.

On ne peut toutefois nier qu'avant la relative stabilité de l'imprimerie, les textes étaient souvent variables et peu fiables. Aucune édition moderne des classiques largement copiés du Moyen Âge n'a été possible sans qu'on tente d'élaborer un arbre généalogique des ressemblances et des différences entre les manuscrits ayant survécu pour ensuite remonter jusqu'à l'ancêtre le plus ancien qu'on puisse reconstituer. Le lecteur de livres anciens doit malgré tout se méfier. La lecture d'un texte de Cicéron soigneusement édité et ponctué donne une image très inexacte de l'état originel de ce texte. Nos standards de la page ordonnée, marquée de ponctuation cohérente et de mots nettement césurés ne peuvent rendre compte des productions de l'Antiquité. En comparaison avec les jardins de mots désherbés et soigneusement émondés desquels nous tirons nos plaisirs littéraires, les anciens se contentaient de la nature sauvage en grattant des signes irréguliers sur une page, et ils s'en sont bien tirés malgré tout.

L'histoire de la présentation du mot ne s'inscrit pas dans une progression linéaire à partir du chaos jusqu'à l'ordre, car nous sommes revenus à une ère d'instabilité marquée par un débat sur les moyens de présentation. Entrer un texte à l'ordinateur signifie qu'il faille faire certains choix. Il est possible d'opter pour l'ensemble de choix le plus simple en permettant au texte de prendre la forme d'une série de caractères romains, minuscules et majuscules, délimitée par des retours de chariot, des tabulations et une poignée de signes de ponctuation normalisés. Dans bien des cas, un tel texte peut suffire. Mais nous devons nous rappeler qu'il s'agit ici d'une forme de présentation hautement encodée, dépendant d'une convention reconnue qui réunit ce que l'ordinateur lit comme huit chiffres séparés (des 1 et des 0) en une unité (un octet) permettant à 128 de ces combinaisons de se transformer en chiffres, lettres et signes de ponctuation. Les textes représentés au moyen de ces 128 caractères sont largement transférables d'un système d'ordinateur à l'autre. Si nous pouvions nous contenter de textes simples, ce serait la base d'une présentation universelle ordonnée des textes.

Mais déjà 128 caractères ne suffisent pas à rendre un texte, notamment en français ou en allemand où les lettres nécessitent des accents ou des *umlauts*. Une première tentative pour rendre cet environnement plus flexible, instaurée par IBM au temps des premiers ordinateurs personnels, a doublé cet ensemble de caractères jusqu'à 256, incluant un assez large ensemble de voyelles marquées pour certaines langues européennes (mais qui omettait notamment les exigences scandinaves) et quelques lettres grecques à l'usage des savants. (Ces caractères additionnels ont été choisis de manière si variable et excentrique que selon l'histoire qui court, peut-être une légende urbaine, ils auraient été sélectionnés sur un vol de nuit vers l'Europe par deux employés d'IBM se rendant à une réunion où ils devaient les présenter le matin même. Si cela ne s'est pas passé de cette façon, cela en a tout au moins l'apparence. Tout ordinateur possède virtuellement en mémoire la capacité de reconnaître cet ensemble conventionnel de 256 caractères et signes connus sous le nom de ASCII (pour American Standard Code for Information Interchange).

Mais nous n'avons encore rien vu. Un nouvel alphabet universel est en préparation pour remplacer les 256 caractères actuellement connus des ordinateurs par un ensemble de plus de 35 000 nouveaux qui représenteraient chaque symbole distinct de chaque système d'écriture jamais connu dans le monde. Le projet Unicode qui produit cet alphabet est en soi une aventure intellectuelle. À titre d'exemple, voici quelques questions auxquelles le projet tente de répondre. Quand deux symboles fournissent-ils une simple variante dans la façon d'écrire un signe ? Quand deux symboles ayant sensiblement la même apparence sont-ils utilisés dans deux langues différentes, et quand peuvent-ils être considérés comme un seul symbole ? Une fois encodés dans chaque ordinateur, Unicode permettrait une représentation bien plus flexible de tous les systèmes d'écriture du monde. Mais il y a déjà beaucoup trop d'ordinateurs en usage dans le monde pour que nous puissions espérer un remplacement rapide de ce que nous avons actuellement.

Des lettres en séquence ne sont qu'une partie du texte. Le mal que les utilisateurs des premiers logiciels de traitement de texte se sont donné pour que leur coûteuse machine puisse exécuter ce que faisait le dactylographe nous démontre l'importance de la disposition et de la typographie dans la communication de l'information. Les compositeurs du siècle dernier, avant que la linotypie systématique ne les remplace, estimaient qu'ils passaient du tiers à la moitié de leur temps à aligner des caractères sur une matrice et le reste à arranger sur la page les espaces vides autour des caractères. Nous disposons maintenant d'une myriade de façons pour incorporer de l'information de formatage dans nos textes électroniques et les résultats sont beaux à voir tant à l'écran que sur la page. Mais il y a un prix à payer pour cette perte de normalisation. L'abondance de formats de traitement de texte a généré une abondance de prétendus formats standard. La reconnaissance de ces formats normalisés dépend du choix de l'utilisateur quant aux équipements et aux logiciels. Si par exemple j'ai besoin d'un formulaire de rapport d'impôt de la Trésorerie américaine, je peux le trouver sur l'Internet et l'imprimer chez moi en quelques minutes. Mais (à ce jour, tout au moins) je dois au préalable disposer de l'un des quatre systèmes de gestion de texte (PDF, PCL, PostScript ou SGML) avant de pouvoir télécharger le formulaire. Chacun de ces noms représente une conception différente de la façon dont un texte peut être traité par un ordinateur.

En gros, de tels schèmes sont divisés entre ceux utilisés pour décrire l'arrangement visuel du texte imprimable et ceux servant à décrire l'information qui entre dans le document. Par exemple, PDF (*Portable Document Format*) dépend d'un logiciel créé et distribué par Adobe Corporation permettant aux lecteurs qui possèdent ce logiciel de recevoir aisément des fichiers et de les afficher à l'écran avec toutes leurs caractéristiques typographiques. Mais un tel texte est difficile à éditer ou à explorer parce que la représentation graphique de la page insère un codage qui interfère avec le chapelet original des caractères. À l'opposé, un texte en SGML (*Standard Generalized Markup Language*) est présenté seulement dans l'omniprésent caractère ASCII et est décrit de façon à être lu par n'importe quel ordinateur, où qu'il soit. Mais en soi, un texte en SGML demeure une masse de texte semé de codes exigeant un logiciel spécial pour le lire intelligiblement. (Le HTML duquel dépend l'Internet est une version simplifiée du SGML.)

Ce désaccord sur les façons de représenter les textes électroniques a pour conséquence que n'importe quelle collection de textes dans un ordinateur sera formée d'un mélange de types de codes habituellement incompatibles exigeant différents logiciels et souvent différents équipements pour pouvoir être interprétés. Certaines collectivités textuelles utiliseront l'un ou l'autre de ces systèmes de codage de façon assez constante ; les scientifiques aiment bien un langage appelé TeX, par exemple, mais il y a peu d'humanistes ou d'usagers commerciaux qui l'aient jamais vu. Nous sommes encore très loin de toute possibilité d'interchangeabilité mutuelle.

L'inconvénient le plus évident de cet état de choses — la difficulté de gérer une « bibliothèque » de tels textes — couvre un problème encore plus troublant. Les masses d'informations créées pour l'ordinateur sont marquées par la sorte de codage possible et nécessaire au moment de leur création. À mesure que change l'environnement, il est habituellement nécessaire d'effectuer ne serait-ce que quelques changements mineurs au texte pour qu'il demeure lisible. Lorsque le format est particulièrement idiosyncrasique (comme lorsque le texte a été codé par un fabricant de cédérom qui tient à présenter son texte de manière à protéger ses droits de propriété) ou simplement lorsque plusieurs générations de logiciels et de matériel interviennent dans le traitement, un texte peut devenir impossible à lire. (Je possède toute une boîte de disquettes 130 mm [5¼ "] et je pourrais probablement trouver un endroit où en faire la lecture, mais pour combien de temps cela sera-t-il encore possible ? Un cédérom a une durée de vie moyenne de vingt ans.) Le problème est davantage épineux pour la NASA qui possède une quantité astronomique de bobines de ruban magnétique contenant des données informatiques des années soixante. Ces données se résument en une suite de 0 et de 1 et les logiciels de même que le matériel nécessaires à leur lecture sont depuis longtemps périmés ou ont été détruits. Désormais, seul un « archéologue des données » serait en mesure de tenter de déchiffrer ce qui a été perdu.

Il n'est guère rassurant de penser qu'il suffira d'une autre génération de progrès technologiques pour que de vastes quantités d'informations nous glissent une fois de plus entre les doigts. Il nous sera désormais impossible de préserver les informations, alors que des manuscrits datant de l'époque médiévale, restés rangés pendant des siècles, ont offert leurs trésors au premier lecteur se donnant la peine de les ouvrir. Un texte électronique laissé dans un tel état n'aurait pratiquement aucune chance de survivre plus de cinq ans.

Ceci n'augure rien qui vaille pour les bibliothécaires. Tandis que le codex sous forme imprimée a été un médium remarquablement normalisé et stable, sujet aux seules dégradations du matériel (le papier qui s'effrite et la reliure qui se brise), le nouveau déluge de textes électroniques entraîne une augmentation exponentielle des difficultés à rendre l'information disponible aux lecteurs et à la sauvegarder au fil du temps. La demande des lecteurs aidera peu à déterminer la façon dont les institutions de notre société agiront ; comme lecteurs, nous voudrons avoir accès à ce qu'il y a de mieux et de plus nouveau, de même qu'à la permanence et à la fiabilité. Ce n'est simplement pas possible d'avoir les deux.

Chapitre Trois

DE LA PAGE DU CODEX À LA PAGE WEB

Chez les peuples méditerranéens, nos ancêtres, l'écriture a commencé sur la pierre, mais n'est devenue un outil pratique de dissémination de l'information que lorsque la technologie du rouleau de papyrus a été perfectionnée. Bien que l'Athènes de Sophocle et de Platon (400 ans avant notre ère) ait été une ville presque intoxiquée par la puissance du mot écrit, la véritable réalisation de l'alphabétisation dans l'Antiquité ne fut consolidée que plus d'un siècle plus tard dans la ville gréco-égyptienne d'Alexandrie. Là, d'innombrables rangées de rouleaux soigneusement étiquetés dans leurs cases ont donné naissance à la toute première grande bibliothèque ainsi qu'aux premières générations de critiques littéraires et à leurs lecteurs. Pratiquement tous les trésors de cette bibliothèque sont désormais perdus et ceux qui ont survécu sont, pour la plupart, des fragments déterrés des sables de l'Égypte.

L'ancien rouleau de papyrus était superbe, mais encombrant à utiliser. La taille en était strictement limitée. D'après une légende, très vraisemblable, la longueur d'un « livre » dans l'Antiquité (tels les vingt-quatre livres composant *l'Iliade* ou *l'Odyssée*) était déterminée de facto par la taille des casiers de la bibliothèque d'Alexandrie. Un rouleau ne pouvait contenir beaucoup plus que mille lignes de texte, et ceci représentait une feuille de papyrus mesurant en moyenne de sept à dix mètres. La recherche d'un passage dans un tel rouleau prenait beaucoup de temps et d'efforts. Lorsqu'on devait manipuler vingt-quatre de ces rouleaux pour effectuer une recherche dans une épopée d'Homère, on s'engageait dans un environnement qui présentait de sérieux problèmes de convivialité.

Il existait déjà à cette époque un moyen plus modeste pour traiter l'information qu'on pouvait utiliser sur une base quotidienne :

la tablette de cire. Sous sa forme la plus simple, elle était constituée d'une planchette de bois creusée en son centre et qu'on remplissait de cire. Les caractères tracés au stylet pouvaient aisément être effacés par un simple mouvement du pouce. On utilisait ces tablettes comme aide-mémoire, comme feuille comptable temporaire ou pour enregistrer les transactions quotidiennes. Plusieurs de ces tablettes reliées à l'aide de lanières pouvaient constituer une sorte de petit cahier.

Au cours des premiers siècles de notre ère s'est répandue l'idée de fabriquer un média littéraire formel à l'aide de feuilles reliées, en prenant comme modèle la tablette de cire. Le codex – tel est le nom qu'il portait dans l'Antiquité – pouvait contenir des pages de papyrus ou de cuir ; mais dans la pratique, on utilisa de plus en plus le parchemin et le vélin, fabriqués respectivement de peau de mouton et de veau. Au IIIe siècle, l'usage de cette forme de manuscrit pour les textes littéraires, déjà connue au IIe siècle, ne cessa de s'accroître, et dès le IVe siècle, le codex triomphait. Parmi les ouvrages ayant survécu jusqu'à nos jours, du IIe siècle, 99 % sont des rouleaux, du Ve siècle, 90 % sont des codex.

Les ouvrages de la Bible chrétienne nous sont parvenus sous forme de codex, et on se demande bien pourquoi. Certains prétendent que le codex a été choisi parce qu'il se prêtait bien aux renvois. Hypothèse difficile à prouver, car il n'y a aucune trace de tels renvois dans ces manuscrits. L'idée même de produire une Bible a mis bien du temps à prendre forme. Les textes sacrés étaient en grande partie transmis à l'aide de manuscrits séparés faisant partie d'un tout. Alors que les Grecs possédaient depuis longtemps des livres volumineux et complets, — les Latins ont beaucoup attendu, probablement jusqu'à la fin du VIe siècle, avant de réunir tous les textes sacrés en un seul volume.

Un facteur de ce changement mérite d'être souligné. Si vous étiez un texte du IIe siècle et que vous souhaitiez être lu mille ans plus tard, votre vœu le plus cher serait d'être copié en format codex. Les livres qui réussissaient à faire cette transition avaient de bonnes chances d'être lus au cours des siècles futurs, alors que les autres livres risquaient fort de n'avoir aucun lecteur. Les originaux grecs des pièces de Ménandre par exemple, qui n'avaient pas été copiés en format codex, ont été littéralement perdus jusqu'à ce que de nouvelles découvertes en Égypte nous permettent de les restaurer. Par contre, les pièces latines de Plaute et de Térence, dont certaines n'étaient que de grossières traductions du grec, ont connu une longue histoire médiévale et moderne de lecture. Elles avaient été extraites du rouleau et transcrites en codex assez tôt et au bon moment.

Bien sûr, ces transcriptions ne constituaient pas un gage de survie, mais elles en étaient une condition nécessaire. Il faut garder à l'esprit que lorsque nous pensons à digitaliser les livres de nos bibliothèques pour en permettre la lecture mécanisée, nous portons un jugement similaire sur leur sort. D'une certaine manière, une trop grande attention à préserver le livre imprimé peut avoir pour effet contraire de réduire la perspective qu'il puisse être lu à l'avenir s'il n'est pas numérisé. (Ce jugement est rendu de plus en plus draconien par la désintégration de presque tous les textes du XXe siècle qui ont été préservés sur du papier acide dans nos archives et nos bibliothèques. Il n'est absolument pas économique de conserver indéfiniment chaque exemplaire de chaque livre de chaque bibliothèque, et au cours des prochaines décennies, la seule quantité de rebut engendrée par cette désintégration sera ahurissante.)

Pour toutes sortes de raisons, nous, du monde occidental, sommes devenus les héritiers de la Grèce par l'entremise des Romains et des Latins. La tradition vivante de la culture grecque au Moyen Âge s'est retirée (selon nous) des rives de l'Égée et du Bosphore. Un voile de culture islamique et slave, descendu entre l'Est et l'Ouest, a fermé la Méditerranée au commerce et aux rapports libres de l'Antiquité. La civilisation occidentale s'est développée au nord de la Méditerranée et à l'ouest du Vistule.

En ces lieux, une remarquable culture est née avec, à sa tête, saint Augustin (354-430 C.E.). Lorsque Augustin a débuté sa carrière littéraire, dont plus de cinq millions de mots ont survécu jusqu'à nos jours, il n'existait pour ainsi dire pas de documentation chrétienne substantielle – sous forme de codex – à partir de laquelle il pouvait travailler, sauf la Bible. C'est au cours de sa génération que s'élabora la première documentation bibliographique chrétienne et, en dedans d'un siècle, la gestion d'une bibliothèque allait devenir un sujet nouveau et urgent pour beaucoup d'auteurs latins. Augustin est apparu aux yeux de sa communauté comme le médiateur des mots écrits dans l'énorme et magnifique volume de l'Évangile qui trônait dans le sanctuaire de son église, un livre qui a considérablement inspiré son œuvre.

Par opposition, Cassiodore était beaucoup plus l'homme de cette nouvelle culture. On l'associe au projet connu comme le plus ambitieux de son temps, la création d'une université chrétienne à Rome et plus tard, d'une bibliothèque chrétienne dans son domaine de Scylacium sur les rives de la mer Ionienne. Il a commandé, pour illustrer une Bible de sa bibliothèque, un portrait du scribe hébreu Esdras, qui avait rassemblé les livres de la Torah après la captivité des juifs à Babylone. Ce portrait d'Esdras représentait, à tout le moins de façon implicite, et de manière flatteuse, l'érudit et bibliothécaire en question — la disposition du rayonnage en arrière-plan étant identique à celle que Cassiodore avait décrite de sa propre bibliothèque. Dès cette époque, la disposition en *armarium* des codex reliés (c'est-à-dire à plat sur l'étagère, le titre visible sur leur dos) devenait la norme de facto.

Le codex avait plusieurs avantages sur le rouleau. Premièrement, comme sa taille n'était limitée que par la force du lecteur (ou par celle de son mobilier), chaque volume pouvait contenir beaucoup plus de matériel. Deuxièmement, le codex pouvait être démonté et remonté à volonté dans un autre ordre. Cela signifiait que plusieurs auteurs et titres différents pouvaient être combinés et recombinés sans grand effort. Troisièmement, et le plus important, un accès non linéaire au texte était maintenant possible. Le lecteur n'avait désormais plus à parcourir le livre du début à la fin pour trouver rapidement ce qu'il cherchait. Grâce à une simple indexation ou purement par chance, il pouvait ouvrir le livre au milieu et accéder à ce qui l'intéressait.

Cette troisième caractéristique amorce une révolution dans la manière d'utiliser les mots qui devient la raison d'être du codex, mais aussi la clé de ma réflexion sur notre situation actuelle.

Si l'on se base encore sur la thèse de McLuhan selon laquelle le contenu d'un nouveau média contient toujours un ancien média, le manuscrit a d'abord été conçu comme aide-mémoire pour le discours, un point d'appui pour savoir quoi dire. L'arrangement des mots sur la page, sans ponctuation ou césure des mots, dont l'aspect rébarbatif dépassait pour le lecteur les aspirations les plus folles du DOS, le destinait au seul technicien capable de l'utiliser pour produire des mots compréhensibles.

Donc, de bien des manières, l'introduction de l'écriture n'a pas fait grand-chose pour changer la façon dont les gens utilisaient les mots, du moins au début. Et alors surgirent toute une littérature et toute une culture d'aide-mémoire. Les premiers manuscrits médiévaux contenaient des diagrammes accompagnés d'illustrations qui offraient des clés mnémoniques pour présenter, disons, les neuf sortes de syllogismes ou les douze types de définitions possibles pour les taxinomies des écoles de l'époque. Les gens qui ont produit ces manuscrits semblaient s'attendre à ce que le lecteur utilise son propre système non linéaire d'accès à l'information qu'on appelle la mémoire. Le véritable avantage du mot écrit — celui voulant que le système non linéaire qu'il offre puisse être utilisé par chacun et que l'utilisateur ait très peu à connaître pour en tirer le maximum — n'avait pas encore été pleinement exploité. À l'âge de la mémoire, pour savoir une chose, on devait la connaître ou connaître personnellement quelqu'un qui déjà la connaissait. Par contre, à l'âge de l'écriture, il était désormais possible de connaître des choses sans avoir à les mémoriser, et c'était là toute une révolution.

Mais l'histoire du manuscrit médiéval est aussi l'histoire de l'exploitation des possibilités de la page du codex. L'arrangement du texte sur la page rendait l'information plus accessible et facilitait les retours et renvois de toutes sortes. L'exemple le plus simple est l'alphabet qui constitue, avec le développement fulgurant de l'alphabétisation, une partie importante de l'histoire du savoir humain.

Prenons, par exemple, les *Canons chronologiques de l'histoire universelle* d'Eusèbe de Césarée. L'Évangile apparaît comme un des livres les plus communs du haut Moyen Âge. Sa caractéristique la plus évidente réside dans le fait qu'il contient quatre narratifs de la même vie (celle de Jésus), tous différents. Beaucoup d'encre a coulé sur la « question synoptique » (comment les évangiles de Mathieu, Marc et Luc se ressemblent, et pourquoi celui de Jean ressemble si peu aux trois autres), mais la question n'est pas nouvelle. Au IIe siècle, l'apologiste chrétien Tatien avait déjà produit une œuvre appelée le *Diatessaron* (signifiant en gros, quatre en un) dans lequel il combinait les quatre versions en une seule ligne narrative. L'idée était séduisante, mais elle n'a pas eu de suite. Au début du Ve siècle, saint Augustin écrivait à profusion sur la « concordance des évangélistes » par laquelle il expliquait l'accord essentiel entre eux malgré leurs divergences apparentes.

Les manuscrits médiévaux de l'Évangile incluaient souvent eux-mêmes un bref guide pour le lecteur. Chaque Évangile était marqué dans sa marge d'une série de numéros séquentiels, commençant chacun au numéro un. Ensuite, des pages au début du manuscrit illustraient à l'aide d'ornements architecturaux des colonnes de numéros parallèles. Cette technique servait à localiser, par exemple, les passages dans lesquels Mathieu, Marc et Luc racontaient tous la même histoire. Les numéros de Mathieu apparaissaient dans la première colonne, avec ceux des éléments correspondants de Marc et Luc dans les colonnes deux et trois. Il y avait autant de ces colonnes parallèles qu'il existait de combinaisons possibles d'histoires, donc une comparaison séparée pour les histoires qu'on trouve dans Marc et Luc mais non dans Mathieu, et ainsi de suite.

Un tel arrangement — qui constituait la norme dans les premiers volumes de l'Évangile, et qu'on attribue traditionnellement à Eusèbe de Césarée, historien de l'Église au IVe siècle — représentait une forme d'accès non linéaire à la fois pour le lecteur linéaire du texte (qui lirait une histoire dans Luc et ne se souviendrait pas très bien où se trouvaient les parallèles dans Mathieu et Marc), et pour l'étudiant qui voudrait analyser les modèles généraux de coïncidence et d'opposition. Un tel arrangement au début d'un magnifique volume de l'Évangile supposait un style de lecture qui n'aurait tout simplement pas commencé à la page un pour continuer dans l'ordre jusqu'à la fin.

L'ingéniosité et l'éventail des possibilités suggérées par ces exemples démontrent que le format de la page du codex se prêtait admirablement à un accès non linéaire. Le lecteur peut maintenant commencer à imaginer comment ces techniques se sont développées et raffinées depuis. L'index, la concordance, le numéro de page et le titre courant : chacun a des antécédents médiévaux et des applications modernes. Depuis le IVe siècle, dans la culture latine et post-latine, nous travaillons à bâtir un arbre commun du savoir, une structure invisible mais puissante avec laquelle nous pouvons ensemble organiser ce que nous savons pour le rendre accessible. Les institutions appelées bibliothèques et les catalogues qu'elles contiennent (peu en importe la forme, des vieux livres reliés en passant par les fiches familières jusqu'à nos systèmes de bibliothèques en ligne d'aujourd'hui) ne sont que des manifestations d'un projet culturel beaucoup plus grand : rendre le savoir accessible de manière non linéaire par le plus de moyens possibles.

Si nous réfléchissons un moment, nous réaliserons qu'un fort pourcentage des formes du mot imprimé que nous consultons le plus souvent ne sont pas des narratifs linéaires : les guides de voyage, les manuels, les almanachs, les encyclopédies, les dictionnaires, les annuaires téléphoniques, les livres de cuisine, les atlas, les répertoires bibliographiques, etc. Prenons le cas de la revue scientifique spécialisée, où la disposition des articles représente à la fois une coïncidence de sujets à certains niveaux et en même temps une diversité de sujets spécifiques qui produisent parfois un effet quelque peu dissonant. Nous savons comment lire très harmonieusement toutes ces publications non linéaires atones.

La revue scientifique constitue un prisme au travers duquel on peut voir l'avenir de la lecture non linéaire. C'est un des artifices de la non linéarité qui s'inscrit davantage dans l'histoire du mot imprimé que dans celle de l'écriture, une histoire qui, si nous la considérons sous deux aspects, peut nous aider à entrevoir l'avenir de la lecture non linéaire et le nôtre.

La revue scientifique traditionnelle offre la commodité matérielle. Le fait de réunir ensemble de courts articles facilite un accès qui n'est limité que par la technologie de l'imprimé. La différence entre un article et une monographie est artificielle — il serait grossier mais juste de dire qu'un article est une monographie trop courte pour être imprimée et reliée séparément. Sous cette forme, la revue scientifique est une relique de l'âge de l'imprimerie.

Mais la revue scientifique fait aussi partie du grand projet culturel. Si les premières revues faisaient preuve d'une unicité de lieu et de temps (c'est-à-dire qu'elles représentaient un vaste éventail d'observations sur le monde du savoir vu par et pour un endroit particulier, par exemple, Paris ou Londres, à la date de publication), la revue moderne a été graduellement spécialisée par la place qu'elle occupe dans le champ de la connaissance. Je lis le *Journal of Roman Studies* et le *Behavioral and Brain Sciences* parce que je sais que dans ces pages, je trouverai un éventail d'études apparentées qui m'intéressent. On pourrait s'imaginer qu'en attribuant à chacun de ces articles un numéro au catalogue de la Library of Congress (LC), l'accès en serait plus facile (après tout, nous nous entourons bien de toutes sortes d'index), mais je dois admettre que, lorsque je fais un premier tri d'information en lisant *Behavioral and Brain Sciences*, je suis grandement soulagé de ne pas trouver dans ces pages des études sur les incohérences philosophiques de Sénèque ou les poèmes de l'apitoiement d'Ovide, tout comme je suis heureux de ne pas trouver les idées de B. F. Skinner analysées en détail dans le *Journal of Roman Studies*. Bien qu'elle ne soit pas sans inconvénient, cette fonction de tri de la revue scientifique en est une de ses plus importantes et n'a rien à voir avec la technologie utilisée pour produire et distribuer les exemplaires de la revue imprimée.

Toutefois, la plus importante des publications scientifiques – l'éminente monographie produite sur des presses de qualité – est grandement menacée. La monographie traditionnelle, avec sa discussion linéaire soutenue, ses coûts de publication et de distribution exorbitants et ses nombreuses failles d'accès, commence de plus en plus à ressembler à un gros dinosaure pataud.

Je ne dis pas que le livre scientifique traditionnel est sur le point de disparaître, mais sa présence va sûrement s'estomper. Il survivra un peu comme les grands classiques reliés de cuir survivent de nos jours, moins pour être lus que pour conférer un statut à leur propriétaire et donne une valeur au livre. Pour un certain temps encore, les universitaires continueront à déléguer à la rédaction des presses universitaires une large part de leur responsabilité décisionnelle de titulaires. Après un certain temps, même cela sera appelé à disparaître ; naîtront alors de nouvelles techniques arbitraires d'évasion décisionnelle et les jeunes savants ne parleront plus naïvement avec révérence et émerveillement du processus de publication.

D'autres aspects de nos revues scientifiques disparaîtront également bientôt. Ceux qui dépendent du média physique de l'imprimerie sont évanescents. Le fait de lier pour toujours des articles qui n'ont en commun que leur date de remise ne justifiera bientôt plus leur association. Nous ne nous référerons désormais plus aux publications par leur numéro de page et ainsi nous abandonnerons une forme d'indexation remarquablement imprécise et génératrice d'erreurs. Mais l'avenir s'annonce prometteur. L'entreposage électronique et l'accès aux revues scientifiques constituent la plus grande préoccupation des bibliothécaires et des éditeurs. En ce moment, la question épineuse est d'ordre quantitatif : combien d'exemplaires d'une revue scientifique doit-on imprimer et quand ? Les rédacteurs les voudraient toutes publiées d'un coup pour les vendre aux abonnés. Les lecteurs n'ont pas d'objection à ce qu'il y ait moins d'exemplaires imprimés et vendus, et on trouve plus de photocopies ou de reproductions électroniques distribuées par les services de prêts entre bibliothèques ou d'autres canaux de distribution. Mais c'est là une controverse qui sera de courte durée. L'impression initiale disparaîtra et toute production physique de documents sera secondaire et ne servira qu'à accommoder l'utilisateur final.

Il est facile de prévoir que les changements entraîneront une répartition de la charge entre les nombreuses revues scientifiques existantes. La prolifération des revues scientifiques reflète à la fois l'encombrement des listes d'articles soumis aux plus populaires d'entre elles et le désir de celles-ci d'offrir une information plus spécialisée par une collection plus étroitement concentrée. Ces deux contraintes peuvent être plus facilement évitées dans un monde de post-imprimerie. En principe, une revue scientifique populaire ne sera plus limitée par le coût et le nombre de pages, mais ses limites seront imposées par les énergies et les talents de ses rédacteurs : combien de lectures peuvent-*ils* effectuer ?

De même, l'association des articles par sujets ne sera plus déterminée par leur lieu de publication. Il ne sera désormais plus nécessaire de se torturer pour décider si on doit placer un article particulier dans le *Journal of Roman Studies* ou dans le *Journal of Hellenic Studies* ; il n'y aura plus de raison valable pour que ces deux étiquettes n'apparaissent pas sur un même article. Car le changement le plus probable (et ici, je ne fais que supposer) est que l'association d'articles dans une revue donnée ne sera plus physique et ne sera plus une condition à leur publication et à leur distribution. Le reste du monde suivra bientôt l'exemple des revues scientifiques en distribuant ce qui se voudrait des articles de préimpression. Le contrôle par les pairs et l'approbation finale par la revue se feront après la distribution et n'auront de raison d'être que pour identifier un ouvrage de qualité ou un ouvrage d'intérêt pour un public spécifique. Dans un tel monde, le titre de la revue servira de sceau d'approbation, appliqué après coup ; et il n'y aura aucune raison, intellectuelle ou économique, de ne pas apposer à un même article autant de ces sceaux d'approbation que les rédacteurs le jugeront nécessaire. Plusieurs articles publiés en ce moment dans des revues spécialisées pourraient rejoindre des publics différents s'ils étaient édités à deux endroits en même temps. Nous n'ignorons pas que les arbres, l'encre et l'espace de rayonnage se raréfient. L'utilisation de simples étiquettes électroniques multiples rendrait encore plus précieuse la forme d'indexation et de facilitation d'accès provenant de l'identification d'un article par le sceau d'approbation d'une équipe de rédacteurs.

La première conséquence évidente de ces changements est que la qualité de notre accès non linéaire à l'information augmentera de façon exponentielle. Pour en avoir un aperçu, utilisez les vedettes-matière de la Library of Congress (LC) pour rechercher un sujet dans un catalogue électronique et effectuez ensuite la même recherche en utilisant des mots-clés. Dans un monde où la bibliothèque, cessant d'être un entrepôt, deviendra un simple logiciel, la valeur de cette institution dépendra du perfectionnement, de la polyvalence et de la puissance de son système d'indexation et de ses capacités de recherche. Il n'est pas nécessaire d'attendre que les possibilités de l'intelligence artificielle se manifestent pour tirer parti de systèmes de recherche intellectuellement plus simples, mais non moins puissants, qui peuvent nous guider à travers une mer d'informations vers le renseignement précis que nous cherchons.

L'intelligence de l'utilisateur final demeurera toujours un outil puissant. Si un système mène l'utilisateur à proximité de l'information recherchée, celui-ci demeure néanmoins apte à la reconnaître et à la traiter comme aucune machine ne peut le faire. L'intelligence artificielle commencera peut-être un jour à faire une partie du traitement de l'information, mais aussi longtemps que notre propre intelligence est mise à profit, il nous en faut beaucoup moins qu'à la machine pour donner un sens à notre univers.

Un des corollaires de ce style de recherche est que la provenance de l'information nous importera peu, pourvu que nous la trouvions. La représentation graphique de la disposition de l'information sur un disque dur montre que le travail de l'ordinateur est bien moins fastidieux que celui du bibliothécaire. L'information qui paraît avoir été si soigneusement archivée est en réalité mélangée dans un immense fouillis, des parties de fichiers mêlées à des parties d'autres fichiers et des parcelles de fichiers effacées (pas réellement effacées, mais plutôt sans étiquette) jetées dans le tas. Dans ce monde, les frontières séparant un ensemble de données d'un autre ne sont nécessaires que si l'utilisateur final en a besoin, et les stratégies de recherche concentrées sur l'information plutôt que sur sa source sont beaucoup plus efficaces et connaîtront donc plus de succès.

Une façon de décrire ce phénomène serait de dire que les hyperliens entre les données seront des lignes de déplacement dominantes d'un article à un autre. Mais ceci est déjà vrai aujourd'hui comme c'était déjà le cas pour le codex médiéval. L'utilisateur passait alors d'un manuscrit à un autre, des tables d'indexation du début d'un livre de l'Évangile à un passage, puis à un autre. L'ordinateur permet simplement de faire plus d'opérations de ce genre, et plus vite.

Une autre façon de décrire ce phénomène serait de dire que les frontières séparant une source d'information d'une autre sont d'une valeur variable. Pendant des siècles, les utilisateurs les ont ignorées lorsque ça leur convenait – imaginez-vous en train d'essayer de vous souvenir si c'était dans le *New York Times*, le *New York Review of Books* ou le *Times Litterary Supplement* que vous avez lu la critique d'un livre particulier. Si j'ai une centaine de livres sur mes rayons et que je veux savoir quand Cosmas Indicopleustes a écrit son merveilleux traité défendant la doctrine biblique de la terre plate, peu m'importe où je trouverai l'information à moins que j'aie à citer ma source — c'est-à-dire à en fournir à d'autres l'accès non linéaire. L'écrivain savant sait combien il peut être difficile de retracer un article qui n'apparaît qu'une seule fois dans tous ses livres.

D'autres frontières vont également s'estomper. Par exemple, l'information amassée collectivement, au fil du temps, avec un minimum de consultation et d'organisation mais avec beaucoup de zèle et de soin par des personnes qui ne se sont jamais rencontrées, peut constituer d'énormes et importantes banques de données. Nous faisons face ici à ce qui pourrait bien être un conflit d'intérêt fondamental dans l'édition scientifique, entre la liberté d'expression et la responsabilité de produire de l'information qui soit valable et réutilisable par les autres. La liberté de recherche et d'expression requiert un monde où chacun puisse exprimer ses idées, mais le besoin d'en contrôler la qualité exige que nous accordions un pouvoir à des gens considérés comme éditeurs (quand nous les aimons) et comme censeurs (quand nous ne les aimons pas). Toutefois, cette tension se résorbe d'elle-même : un traité important mais imparfait ou préliminaire sur un sujet vital deviendra, après avoir été corrigé, discuté, révisé, amélioré et retravaillé par autant de gens qui voudront bien faire le travail, l'ultime création postmoderne sans auteur. Il sera important d'empêcher tous ces cuisiniers de gâter le bouillon, mais ce sera un luxe rare aujourd'hui que de pouvoir réunir tout le talent de la planète pour résoudre un problème particulier.

Un monde dans lequel on ignore qui est l'auteur d'un ouvrage d'érudition collectif, cumulatif et collaboratif peut sembler une idée nouvelle, mais c'est aussi une très vieille idée. Vers la fin du Moyen Âge, on avait déjà créé de tels livres, comme le célèbre *Glossa Ordinaria*, commentaire courant et largement répandu de la Bible médiévale, dont les origines sont encore mystérieuses, qui a continué à croître et est demeuré pertinent pendant des siècles. Depuis ce temps, nous en sommes venus à compter sur la fixité de l'information imprimée, mais cette fixité nous semblera bientôt vulnérable. J'ai pleine confiance en notre capacité neuronique collective de nous accrocher à la valeur de cette fixité, mais en même temps, j'anticipe avec impatience la flexibilité et la vitalité d'un média qui, tout en se lançant vers les limites ultimes de la technologie, continuera quand même à utiliser avec enthousiasme les techniques du média qu'il dépasse.

Hyperlien

LE HAUT LIEU DE LA LECTURE NON LINÉAIRE

On a beaucoup écrit et dit à propos des bibliothèques passées et futures. Je voudrais seulement invoquer ici la juxtaposition de deux images pour donner une idée d'où nous venons et où nous allons.

Je dirai tout d'abord que les bibliothèques ont toujours occupé une place de choix dans mon cœur. Je me souviens avec beaucoup d'émotion d'une étroite baraque dans le désert de l'Ouest américain, avec son unique rayon de livres pour enfants, et de l'édifice qu'on a bâti plus tard au même endroit pour le remplacer, où j'ai cherché en vain durant des années la biographie de Mickey Mantle que la bibliothèque était sensée avoir mais avait sans doute perdue (et dont, vingt ans plus tard, à mon grand plaisir, j'ai découvert un exemplaire autographié pour seulement 0,25 cents dans une vente de livres usagés.) À la grande ville où nous avons ensuite déménagé, les livres et les bibliothèques étaient rares, mais il y avait une bibliothèque de quartier où je pouvais me rendre à pied, une bibliothèque Carnegie au centre-ville et une bibliothèque convenable dans mon lycée. C'est là que j'ai obtenu mon premier « emploi » (bénévole) qui consistait à taper les fiches de la bibliothèque.

Lorsque je suis entré à l'université et que j'ai soudain pu avoir accès aux immenses ressources d'une grande bibliothèque de recherche, j'ai eu l'impression que mon esprit chavirait. Les richesses de cet endroit et de ceux qui suivirent au cours de mes études supérieures déferlèrent comme un océan où j'ai tenté de surnager. Depuis, je suis devenu gaiement amphibie, y plongeant puis en émergeant à ma guise, les bras chargés de livres. Je possède en ce moment cinq cartes de bibliothèques en règle, et il semble y avoir toujours assez de place à la maison pour y apporter quelques livres de plus, mais de moins en moins dans ma serviette pour les rapporter — drôle d'effet gravitationnel.

Pourquoi je fais ça ? Qu'est ce que je trouve là-dedans ? Seulement un tas de livres ?

Imaginez un instant n'importe quel rayon d'une des bibliothèques que vous visitez. Visualisez-le. Ce que vous remarquez dès le départ, c'est la diversité de matériel qu'il contient. La commodité du format codex rassemble physiquement des objets qui peuvent littéralement provenir du monde entier et dont la différence d'âge varie de quelques semaines à quelques siècles. Les bibliothèques américaines affichent un préjugé anglophone, mais les livres mis à la disposition des usagers viennent souvent d'Angleterre, d'Amérique ou même du Canada ou d'Australie et ont été imprimés à différents moments au cours du dernier siècle. Ce rayon peut également contenir des livres écrits et imprimés en Europe et, selon le sujet, provenant de n'importe quel autre continent. (Je mets ici l'accent sur l'origine des livres : l'univers de la traduction et de la réimpression des produits intellectuels du monde entier constitue un autre phénomène culturel, mais l'acte d'intégration s'effectue en dehors de la bibliothèque proprement dite.)

Ces objets ne sont pas placés au hasard, mais de façon rigoureuse, selon des systèmes de classification élaborés. L'utilité de chaque livre est considérablement rehaussée par ce rangement ordonné côte à côte. Même dans une bibliothèque où les livres seraient disposés selon un autre principe (par date d'acquisition, par exemple), une sorte de système de classification par sujet serait nécessaire pour pouvoir les repérer et les rendre utiles pour tous. Le facteur limitatif sur lequel nous reviendrons plus tard, c'est que chaque livre doit occuper une place même s'il s'agit d'un volume contenant plusieurs sujets. (Comme nous venons de le voir, la revue scientifique souffre de cette particularité : le catalogue de bibliothèque ne répertorie pas les articles individuellement, de sorte que beaucoup de sujets sont rassemblés sous un seul titre et un seul indice de classification.)

Non seulement la bibliothèque façonne-t-elle les ressources que l'on voit, mais elle les crée. Personne ne devrait aller chercher dans une librairie ce qu'on peut obtenir dans une bibliothèque. Les bibliothèques sont les gestionnaires après-vente des éditeurs. Lorsque l'éditeur a tiré tout ce qu'il pouvait d'un livre, le bibliothécaire en hérite. Il en prend soin, le fait relier, vous laisse le lire, vous gronde si vous le rapportez en retard et pensera même à le photocopier ou à le préserver d'une autre façon lorsqu'il devient vieux et usé. La recherche savante est largement tributaire des bibliothèques et ne pourrait exister sans elles.

L'une des caractéristiques du rayon de bibliothèque que nous nous devons de mentionner est son continuel changement. La plupart des bibliothèques américaines permettent la circulation des livres. Par conséquent beaucoup de livres absents des rayons mais qu'on sait appartenir à la bibliothèque peuvent être réclamés au besoin. De même, la structure du rayonnage d'une bibliothèque est littéralement ouverte — de nouveaux volumes sont constamment insérés à leur place désignée sur le rayon et la collection grandit continuellement.

La collection présente aussi une diversité chronologique. Nous sommes tellement habitués à voir sur les rayons des livres publiés à diverses dates au cours des décennies qu'on ne le remarque plus, à moins d'avoir l'occasion, comme je l'ai eue récemment, de voir, dans une université toute neuve, un rayonnage rempli de livres achetés au cours des cinq années précédentes. Quelque chose de trop propre, de trop régulier dans ces rangées de reliures flambant neuves, toutes étiquetées uniformément, évoquait davantage une librairie qu'une bibliothèque.

Cette expérience mentale permet de souligner la flexibilité, la diversité et la subtilité de cette machine que nous avons construite. À cette première image je juxtaposerai maintenant non pas une vision de l'avenir — car je ne saurais prétendre savoir ce dont aura l'air la bibliothèque de l'avenir — mais une perception du présent. Comment la bibliothèque a-t-elle déjà changé ?

La nostalgie de nos vieux catalogues sur fiches peut nous faire oublier les causes véritables de leur disparition. Premièrement, compte tenu de la technologie électronique, de sa puissance et de son économie, une bibliothèque importante ne devrait plus continuer à administrer un catalogue traditionnel sur fiches. Deuxièmement, comme c'est le cas pour les autres progrès en technologie de l'information, la puissance de la nouvelle technologie transcende largement l'ancienne. Mais plus encore, l'intégration de l'ancien et du nouveau mode de traitement documentaire change déjà la nature de la collection qu'elle décrit et en augmente les utilisations.

Le catalogue de la bibliothèque de mon université est maintenant accessible de tous les continents par l'Internet : je le consulte régulièrement lorsque je suis loin de chez-moi. C'est déjà là un changement. Mais de plus, ce catalogue en ligne, grâce à sa technologie, décrit la collection, de manière bien plus flexible que le catalogue sur fiches ne pourrait le faire, ce qui constitue un enrichissement pour cette collection même si elle demeure inchangée.

Par exemple, en 1973, à l'École d'études supérieures, il m'est arrivé de passer une demi-heure à essayer de trouver, dans l'ancien catalogue sur fiches, un philosophe irlandais du Moyen Âge connu sous les noms de Jean Scot et Erigène. Je suis parti à sa recherche dans les tiroirs de fiches : je suis passé de Scotus à Scottus, à Jean, à Johannes, à Erigena, à la variante orthographique Eriugena. Je trouvais des articles individuels, mais ne trouvais pas la « fiche d'auteur » de ce philosophe. Et petit à petit, j'ai commencé à me sentir comme Winnie l'Ourson et Porcinet sur la piste des « woozles », tournant autour du bosquet, les pistes se multipliant à mesure que d'autres « woozles » se joignaient à la parade, mais sans que personne ne voit les « woozles ». Je me suis finalement arrêté, j'ai pris une grande respiration et suis reparti à la chasse pour réaliser qu'effectivement les fiches m'avaient bel et bien mené vers le tiroir contenant la version latine du prénom de l'auteur — mais l'orthographe utilisée était « Joannes » et non « Johannes ». Je l'avais vue une douzaine de fois durant ma recherche mais mes yeux ne l'avaient pas enregistrée et je continuais à chercher « Johannes ». En m'esclaffant, j'ai ouvert le bon tiroir pour compléter ma recherche.

Afin de comparer ma mémoire à la réalité actuelle, j'ai posé, il y a quelques minutes, la même question au catalogue en ligne. Il a suffi de trois opérations et en moins d'une minute, j'avais en main toute l'information dont j'avais besoin. La route empruntée n'en était qu'une parmi une douzaine d'autres qui, selon la question posée au préalable, auraient pu m'amener au même résultat tout aussi efficacement. (Lorsque je suis retourné au catalogue sur fiches qui avait été le cadre de mon odyssée initiale — toujours accessible au public mais sans aucune addition depuis 1977 — j'ai découvert que mon expérience avait été réduite à néant en raison de l'instabilité du catalogue des vedettes-matière. Toutes les fiches « Joannes » avaient été déplacées vers le tiroir « Erigena », au moment où un consensus s'était établi chez les universitaires alléguant que ce n'était *pas* la façon correcte d'épeler son nom.)

Maintenant, lorsque je reviens à ce rayon virtuel évoqué plus tôt, je peux aller là où je n'aurais jamais pu me rendre auparavant. Tout ce que la bibliothèque possède concernant mon philosophe irlandais est étalé devant moi, incluant (1) les titres de la collection principale qui sont sur les rayons de la Bibliothèque du Congrès (LC) ; (2) les titres des collections spéciales à travers le campus ; (3) ceux qui se trouvent dans la collection des livres rares ; (4) et ceux qui ne sont pas à la bibliothèque parce qu'ils ont été prêtés. (Les titres de la collection principale placés avec les vieux livres sur les rayons selon la classification décimale Dewey ne sont qu'à quelques touches de clavier.) Ce rayon virtuel peut me dire où se trouve chaque livre et quand les livres sortis seront retournés. Notre bibliothèque possède le prototype de ce que d'autres ont plus ambitieusement entrepris, c'est-à-dire un système qui peut rappeler les livres prêtés et même, sur certains campus, les faire livrer à un bureau particulier. Bien sûr, ce serait merveilleux de pouvoir disposer d'une version en ligne des textes de tous les livres, avec toutes leurs références bibliographiques, mais ce n'est encore qu'un rêve. Il reste que la collection est déjà une réalité différente à cause des nouvelles méthodes que je sais pouvoir maintenant utiliser.

Elle est également plus intéressante à cause des questions que je peux maintenant poser, ce que je ne pouvais pas faire avant l'arrivée des nouvelles technologies. La recherche par « mot-clé » me permet de décider des sujets de mon investigation, sans avoir à dépendre de la vedette-matière qu'un bibliothécaire aurait choisi d'utiliser, et elle me permet également de combiner des termes pour affiner la recherche. Toutes les vedettes-matière traditionnelles s'y trouvent de sorte que, si je ne sais pas exactement ce que je cherche, je peux essayer mes propres combinaisons, puis consulter une notice pour voir quelles seraient les *autres* façons dont je pourrais poser la question. Si, au départ, une recherche n'est pas fructueuse, je peux en démarrer une autre en quelques secondes et naviguer dans le catalogue électronique avec beaucoup plus de flexibilité que lorsqu'il était contenu dans des rangées successives de tiroirs de fiches. Autrefois, lorsque j'avais cherché un auteur ou un titre dans tous ces tiroirs et que j'arrivais aux « W », l'idée d'une recherche qui m'aurait ramené dans les « B » avait beaucoup de chance de ne jamais se réaliser. Maintenant, cette recherche n'exige que quelques touches de clavier.

Finalement, même aujourd'hui les bibliothèques nous fournissent des moyens d'aller au-delà de leurs collections physiques. Nos collections permettent (à nous qui possédons une carte d'identité de l'Université de Pennsylvanie) de fouiller dans les ressources suivantes : MEDLINE (des revues médicales en ligne — une ressource aussi éminemment intéressante pour les amateurs et les hypocondriaques que pour les médecins), RLIN (un catalogue collectif des bibliothèques de recherche : si ma bibliothèque ne dispose pas du livre que je cherche, je peux consulter cette ressource pour le repérer et ensuite utiliser l'information pour effectuer un prêt entre bibliothèques), MLA Bibliography (une vaste ressource de savoir littéraire, incluant des articles de revues dépouillés de manière très détaillée), le *Oxford English Dictionary* en ligne (j'ai donné ma vieille édition compacte en deux volumes, il y a quelques années, ne l'ayant pas utilisée depuis des lustres), Lexis/Nexis (un service de journaux en ligne, avec permis de consultation pour usage académique), les nouvelles financières du Dow Jones, le *Books in Print* et plusieurs autres index de documentation de revues scientifiques et littéraires — et en plus, à tout un monde par quelques clics des pointeurs de la bibliothèque vers l'Internet et ses vastes sources d'information accessibles à tous. (Le catalogue de mon université en rejoint des centaines d'autres sur l'Internet. C'est vraiment avantageux de pouvoir consulter, dans le confort de mon bureau aux États-Unis, par exemple, les catalogues des bibliothèques européennes pour rechercher des publications non disponibles ici.)

Pour décrire la façon dont l'Internet est déjà devenu une sorte de bibliothèque alternative, il faudrait un autre livre et des dizaines de versions d'un tel livre existent déjà, périmés pour la plupart. Par ailleurs, l'Internet *n'est pas* une bibliothèque : personne ne l'a construite. La diversité et l'abondance de l'information qui y est accessible sont importantes et on peut raisonnablement penser que cette diversité et cette abondance vont prendre une ampleur explosive. Mais les qualités qui confèrent de la valeur à une bibliothèque n'y sont pas encore. On n'y trouve aucun catalogage organisé, aucun engagement envers la conservation et aucun système de soutien pouvant aider pro-activement l'utilisateur dans sa recherche d'une ressource particulièrement difficile à trouver. Finalement, il n'y a pas de filet de sûreté : contrairement à ce qu'offre une grande bibliothèque, l'utilisateur n'éprouve pas cette sensation que quelqu'un est passé avant lui, a pensé aux nombreuses utilisations possibles du fonds et a sélectionné un ensemble de renseignements qui soient à la fois complets tout en étant délimités. Sur l'Internet, on ne sait jamais ce qu'on rate. Mais la situation peut changer. Ou c'est nous qui pouvons changer. Quoi qu'il en soit, la bibliothèque est encore en ce moment le plus puissant exemple d'organisation et de gestion du savoir qui ait jamais été inventé.

Chapitre Quatre

LA PERSISTANCE DE L'ANCIEN ET LE PRAGMATISME DU NOUVEAU

Tout d'abord, les dernières nouvelles de l'Internet. Le livre est ici pour rester : LES LIVRES SERONT TOUJOURS LÀ, DÉCLARE L'AUTEUR. La romancière E. Annie Proulx, gagnante du Prix Pulitzer, déclare que l'autoroute de l'information est « pour les babillards sur des sujets ésotériques, les travaux de référence, les listes et les nouvelles – de l'information pertinente et utile, à laquelle on peut accéder électroniquement. Personne ne va s'asseoir pour lire un roman sur un petit écran tremblotant. Jamais. » (*New York Times*, 5/26/94, A13). Le jugement du romancier à succès risque évidemment d'être influencé par un certain conflit d'intérêt. Je laisse à d'autres la question de savoir si les ouvrages de fiction que nous pouvons et pourrons lire à l'écran seront appelés des romans. Cependant, la place occupée par le livre est sûrement plus instable aujourd'hui qu'elle ne l'a été depuis cinq cents ans. Le fait de se rappeler ce qui est advenu de la technologie, de ses critiques, et de l'ordre social qui régnait au moment de l'introduction de l'imprimerie en Europe, et surtout de ne pas y voir seulement un récit triomphant mais une histoire complexe du fractionnement et du regroupement des moyens de diffusion, nous place dans une bien meilleure position pour anticiper vers quoi nous amènera la période de transition que nous vivons aujourd'hui.

Commençons par une histoire qui s'est déroulée sur la plage à Rimini, station balnéaire italienne sur l'Adriatique. Le pape Symmaque n'est pas content. Il vient d'être convoqué par Rome à la cour du roi à Ravenne pour y faire face, une fois de plus, à des accusations d'irrégularités électorales et de conduite inconvenante. Certes, il n'a pas encore été convoqué, comme il le sera plus tard, pour rembourser à un banquier milanais une somme assez substantielle servant à couvrir les coûts exorbitants nécessaires pour traiter avec des fonctionnaires de l'État plutôt rapaces, mais il n'a pas non plus encore été élevé – comme il le sera plus tard — au rang de saint de l'Église universelle.

Ce jour là, il entame à Rimini son voyage à Ravenne. En marchant sur la plage pour prendre l'air, il aperçoit, passant sur la route menant à Ravenne, un carrosse transportant des femmes qu'il reconnaît. Ce sont les femmes avec qui on l'accuse de s'être compromis à Rome, et il comprend à cet instant précis qu'elles ont été convoquées à Ravenne pour témoigner contre lui. Gardant pour lui ce qu'il vient de découvrir, Symmaque attend qu'il fasse nuit et, avec un aide, retourne à Rome à toute vitesse où il s'emmure dans la Basilique Saint-Pierre, prêt à résister à un assaut.

L'aspect important de cette histoire, c'est la manière dont elle nous a été transmise. À un certain moment, au début du VIe siècle, on a commencé à ajouter un résumé de la vie du pape régnant à une collection de courtes biographies de ses prédécesseurs, dans ce qu'on a appelé plus tard le *Liber Pontificalis* (Livre pontifical). La collection orthodoxe de ces vies s'est poursuivie tout au long du Moyen Âge et est devenue la norme dès la fin du Ve siècle, en tant que source historique de grande valeur sur les papes. Mais cette histoire ne provient pas de la collection orthodoxe, celle qui a aidé Symmaque à devenir un saint. On la trouve plutôt dans les trois premiers folios d'un manuscrit du VIe siècle préservé aujourd'hui à Vérone. Cette version non officielle de la vie de Symmaque, écrite néanmoins selon la règle établie dans le *Liber Pontificalis* officiel, est suivie de courtes inscriptions, toujours dans l'esprit du *Liber Pontificalis*, au sujet d'autres papes, et ce, jusqu'au pape Virgile dont la mort, aux environs de l'an 555, donne un aperçu de l'âge approximatif de ce manuscrit.

Nous avons vu qu'à l'époque, aux Ve et VIe siècles, le christianisme latin faisait des pas de géants en adaptant à ses besoins le pouvoir de l'écriture. Ce n'est pas que les chrétiens latins commençaient à écrire, mais plutôt qu'ils utilisaient désormais l'écriture avec raffinement pour organiser et maîtriser leur monde. La papauté en particulier émerge de cette période comme un artéfact textuel. La vie des papes est une preuve, leurs lettres amassées en grand nombre par la chancellerie en sont une autre. L'affaire à laquelle Symmaque s'est trouvé mêlée, le soi-disant schisme de Laurent (du nom de son rival), témoigne également du pouvoir nouveau de l'écriture. Tout d'abord, le fait même que ce « fragment laurentien » ait survécu suggère non seulement que la papauté se fabriquait elle-même en publiant des biographies officielles, mais qu'elle le faisait si bien qu'on a cru nécessaire d'écrire une contre-histoire, d'amasser une collection où Symmaque figurait sous un jour moins luisant.

Le texte que j'ai cité précédemment a probablement été écrit après coup par des perdants amers. Une collection de textes tout aussi intéressants nous est parvenue des gagnants. La soi-disant Apocryphe de Symmaque est constituée de quatre textes écrits à l'apogée de la controverse entre Symmaque et Laurent. Ces textes se rapportent à des documents historiques — un décret papal, les dossiers d'un synode, le compte rendu d'un procès — qui dataient de deux cents ans auparavant, tous ayant un certain rapport avec la papauté. Ces textes ont en commun de fournir des précédents élégamment falsifiés sur plusieurs points de l'argumentation que Symmaque faisait valoir contre son rival. La cohérence et la conformité de la preuve que ces quatre textes fournissent et les différents aspects qu'on en montre nous portent à croire qu'il ne s'agissait pas là de simples histoires contées pour obtenir un effet, mais d'une création délibérée de textes voulant faire autorité dont les auteurs devaient savoir qu'ils inventaient délibérément des histoires. Il devait sûrement valoir la peine de falsifier ces textes, et il est permis de supposer qu'ils étaient destinés à un lectorat prêt à juger de leur légitimité ecclésiastique en termes documentaires ou textuels.

Beaucoup d'autres faits de cette période montrent comment la « bibliothèque des Pères » s'édifiait, avec toutes sortes de documentation à l'appui, et jusqu'à quel point la vie publique et spirituelle du christianisme commençait à être réglée par des textes d'autorité. Vincent de Lérins, qui a écrit aux environs de l'an 430 un *Commonitorium* attaquant (discrètement et anonymement) l'autorité d'Augustin d'Hippone, a probablement été le premier auteur à mentionner les « Pères de l'Église » en tant que personnages d'autorité textuelle. Dans un sens, c'était inévitable, car la génération d'Ambroise, de Jérôme et d'Augustin ne possédait qu'une mince collection de textes latins sur lesquels se baser et ne pouvait pas compter sur une telle autorité. Ces auteurs et leurs contemporains nous ont légué en comparaison une œuvre considérable, imposante de pouvoir et de persuasion. Leurs lecteurs se rendaient compte ce qu c'était que de vivre dans un christianisme où l'évêque du haut de sa chaire tirait son autorité d'un nombre considérable d'écrivains morts. Dès le VIe siècle, le pouvoir des écrivains morts était devenu tel qu'on a cru nécessaire de les condamner. Une des grandes questions lors du Concile de Constantinople en 533 était de savoir si les auteurs décédés dans les bonnes grâces de l'Église pouvaient faire l'objet d'une condamnation rétroactive. Le fait même qu'on puisse imposer de tels jugements posthumes était en soi contestable, puisqu'il n'était plus question des actes accomplis du vivant de l'auteur mais des mots écrits qui lui survivaient. Condamner l'auteur indiquait que le livre avait commencé à dominer le discours.

À la fin de l'Antiquité, bien que l'expérience latine de créer et de modeler le pouvoir et la communauté par l'écriture ait eu une base technologique en adoptant le codex comme format de livre, le véritable changement a été culturel et social. De même, à d'autres périodes de transformations, l'impulsion technologique initiale est canalisée par des milliers de choix, faits par des personnes et des institutions, qui façonnent la société et ses institutions.

C'est un fait indéniable que l'introduction du caractère mobile a engendré une révolution. L'histoire en a parlé souvent et en détail. Il faut toutefois remarquer que l'histoire de cette révolution est habituellement racontée sous forme imprimée par ses partisans. Il est fort possible que cette révolution ait été une bonne chose, mais tout évènement historique raconté seulement par ses partisans mérite d'être reconsidéré. Qu'arrive-t-il lorsque nous posons à ces narrateurs partisans cette question à laquelle ils ne sont pas en mesure de répondre : Qui n'aimait pas la technologie de l'imprimerie et pourquoi ?

Cette question, appliquée à notre époque, est toujours pertinente. Si nous pouvions revenir à un tournant décisif comparable dans la façon d'enregistrer et de diffuser les mots — l'introduction du caractère mobile — et examiner l'histoire de la résistance à la nouvelle technologie de cette époque, nous aurions une meilleure perspective sur les controverses actuelles puisque pour beaucoup de nos contemporains, il est loin d'être évident que cette nouvelle révolution sera bénéfique. Trouver une réponse à cette résistance face à l'imprimerie n'est pas simple. Dans nos ouvrages, les mentions occasionnelles de la résistance à l'imprimerie sont inexactes et condescendantes. Toutefois, en creusant plus profondément nos sources, nous trouvons des indicateurs fort intéressants.

L'ouvrage de vulgarisation reconnu sur l'histoire de l'imprimerie, *Five Hundred Years of Printing* de S. H. Steinberg, publié il y a quarante ans aux éditions Penguin, est un bon endroit pour commencer notre « enquête ». On y parle d'un autre grand homme qui a lui aussi passé un certain temps dans les environs de Rimini : le duc d'Urbino, Federigo da Montefeltro, bibliophile légendaire et père du duc fainéant[5] décrit par Castiglione dans *Le Parfait Courtisan*. Dans ses mémoires (vers 1490), son libraire Vespasiano da Bisticci affirme que dans la bibliothèque du duc, « tous les livres étaient extraordinairement bons et écrits à la plume ; s'il y avait eu un seul livre imprimé, il se serait senti honteux en telle compagnie ». Cet argument, de nature plus esthétique qu'utilitaire, est tout à l'honneur du duc : les manuscrits d'Urbino conservés à la bibliothèque du Vatican donnent un exemple magistral d'élégance et de talent artistique que peu de livres peuvent égaler. La Bible d'Urbino, par exemple, est un chef d'œuvre éclatant de l'enluminure. Un théologien préférerait sans doute utiliser pour ses recherches une édition plus sobre des textes sacrés, conforme au

[5] En français dans le texte.

plan philologique, et opterait même pour un texte dans une autre langue que le latin, mais un dévot serait aussi bien servi par la grandeur de ce livre que par la sobriété puritaine de la reliure noire et des petits caractères d'imprimerie modernes. Federigo possédait également beaucoup d'œuvres moins prestigieuses copiées en manuscrits à partir de versions imprimées.

Les mémoires de Vespasiano da Bisticci font également référence au cardinal Giuliano della Rovere, plus tard pape Jules II, mécène de Michel-Ange et père de l'actuelle Basilique Saint-Pierre, qui en 1479 a fait copier *Guerres Civiles* de Appien à partir d'une édition Speier imprimée en 1472. Il conserva le colophon et en changea l'appellation de « impressit Vendelinus » (« imprimée par Wendelin ») par « scripsit Franciscus Tianus » (copiée à la main par Franciscus Tianus »).

Il peut sembler étonnant pour qui n'a pas étudié cette période d'apprendre que les gens faisaient copier à la main les livres imprimés. L'étude faisant autorité est celle de M. D. Reeve, qui propose quelques explications sur le sujet. L'imprimerie avait tellement multiplié le nombre de copies disponibles que si l'on cherchait un livre à copier, on avait plus de chances de trouver un exemplaire imprimé qu'un manuscrit. D'autre part, si un lecteur trouvait, par exemple, le *Consolatio ad Liviam* (une découverte du XVe siècle attribuée à Ovide, reconnue depuis comme fausse) parmi les œuvres imprimées d'Ovide et qu'il n'était intéressé que par ce poème, il le copiait plutôt que d'acheter le livre. Pour ces raisons, au moins dix des seize manuscrits, éventuellement douze, du *Consolatio ad Liviam* proviennent d'éditions imprimées. Selon Reeve, les lecteurs du XVe siècle ne préféraient pas systématiquement les éditions imprimées pour des raisons concernant les textes mêmes ; en fait, ils avaient raison de s'en méfier. Par conséquent, les livres imprimés n'étaient pas choisis comme modèles, ou du moins on ne peut prouver qu'ils l'aient été. Finalement, on attribue à une poignée de propriétaires individuels la plupart des manuscrits copiés à partir de livres imprimés. À part le duc Federigo, les bibliophiles Bartolomeo Fonzio et Raphaël de Marcatellis sont considérés comme d'importants mécènes du livre copié.

Raphaël de Marcatellis, abbé de Gand mort en 1508, a été le sujet de deux études produites par Albert Derolez. Ces études révèlent qu'un mécène désirant posséder une grande collection de livres copiés à la main était motivé par deux raisons. Premièrement, le luxe — et un penchant pour le luxe s'exprime souvent par un attrait pour les objets plus anciens, faits à la main, sans préjuger de l'utilité indéniable des biens produits en série — et deuxièmement, l'accès, car la copie à la main était également une façon de se procurer des livres qui n'étaient pas encore disponibles dans son pays. Dans le cas de Marcatellis, plus de la moitié des incunables (livres imprimés avant 1501) ayant servi de modèles à ses manuscrits sont introuvables dans les collections belges d'aujourd'hui. Ne pouvant probablement pas les trouver aux Pays-Bas, il les aurait empruntés à des amis italiens. La copie à la main était aussi la seule façon d'obtenir un corpus cohérent d'œuvres sur un sujet particulier. Nous vantons aujourd'hui les mérites du texte électronique pour la facilité à le copier et à le réarranger, en oubliant parfois que le statisme relatif, pour ne pas dire l'intransigeance, du livre imprimé qui nous est si familier est une anomalie dans l'histoire de l'écriture, et que les anthologies maison sont plutôt la norme.

Certaines plaintes au sujet de l'imprimerie avaient plus d'impact. On attribue à l'érudit classique Niccolo Perotti le premier appel à une censure de la presse : il accusait Andrea de Bussi d'imprimer, à Rome, des éditions classiques de mauvaise qualité. Perotti écrivit au pape en 1471, lui demandant d'établir une censure de prépublication pour s'assurer que les textes soient édités avec soin. (Sa demande fut vaine et de Bussi devint plus tard bibliothécaire du Vatican.) De même, le dossier de correspondance de la maison d'édition Basel de Amerbach est rempli de lettres adressées à Johannes Amerbach comparant avantageusement ses ouvrages soignés aux livres de piètre qualité produits par d'autres imprimeurs.

Les hommes les plus sages avaient également prédit que la surabondance de livres engendrerait une prolifération de l'erreur. Dès 1439, Jean Gerson, l'éminent chancelier de l'Université de Paris, avait identifié l'origine de ces erreurs et dès 1485, à Nuremberg, on protestait alors non seulement contre la vaste propagation des erreurs, mais aussi contre l'uniformité et la constance des erreurs en imprimerie. Toutes les copies d'un livre imprimé étant identiques, il était impossible de distinguer une copie d'une autre si on voulait la corriger. Une erreur qui se glissait dans un livre se retrouvait forcément dans toutes les copies ; on perdait ainsi le contrôle jusque-là possible avec la collation de manuscrits individuels.

Qui pis est, une abondance de mots mènerait à la confusion — déjà au XIVe siècle, on était convaincu de ce fait. Nicolas de Lyre, dans le second prologue de son commentaire littéral sur la Bible, se méfiait même de l'hypertexte des pages annotées des manuscrits : « Ils ont découpé le texte en tant de petits morceaux et ont produit tant de passages concordants pour en venir à leurs fins, qu'ils embrouillent jusqu'à un certain point l'esprit et la mémoire du lecteur en le détournant de la signification littérale du texte. »

Le livre imprimé a longtemps été marqué par des défauts de fabrication qui ressemblent parfois étrangement à ceux qui nous affectent aujourd'hui : le savant qui remue ciel et terre pour trouver le caractère grec approprié pour son imprimante ne peut que sympathiser avec cet imprimeur qui avait dû laisser des espaces blancs dans son édition incunable de Servius pour pouvoir y écrire à la main les mots et les phrases en grec. On ignore encore à quel moment les contemporains ont commencé à remarquer une perte de valeur historique dans leur traitement des manuscrits. Ce n'est que vers le milieu du XVIe siècle qu'on a commencé à détruire de grandes quantités de manuscrits qui avaient été supplantés par le livre imprimé, la plupart à cause de leur contenu plutôt que pour des raisons technologiques : les textes juridiques et Aristote en latin avaient d'autres motifs d'être périmés que la forme sous laquelle ils étaient présentés. Au temps de la Réforme, les missels de l'ancienne liturgie ont vite connu le même sort.

Le plus célèbre des critiques de l'imprimerie est l'éminent (et pas toujours prudent) savant abbé Johannes Trithemius, du couvent bénédictin de Spanheim, près de Francfort (il devint plus tard abbé de Würzburg). Trithemius a écrit un livre imprimé en 1492, *De laude scriptorum* (*Éloge des scribes*) chantant les louanges de l'ancienne technologie ; des années plus tard, dans la *Chronique d'Hirsau* (1515), il vante les mérites de l'imprimerie, « cet art merveilleux, auparavant inconnu, d'imprimer des livres. » Que penser de cet érudit qui dans un âge de transition ne parvient à se faire une idée ? Devrait-on le consacrer patron de l'indécision ?

Certaines des critiques de Trithemius illustrent bien cette tergiversation. Ce qui est écrit sur papier ne durera pas, déclare-t-il. (Des manuscrits sur papier existaient déjà, mais il faut dire que les imprimeurs du temps utilisaient habituellement le matériau le plus léger et le plus économique.) Ce qui est écrit sur le cuir peut durer mille ans ; mais combien de temps l'imprimé, un objet de papier, durera-t-il ? Il estimait la longévité du papier à deux cents ans. La haute qualité du manuscrit est intrinsèque et la valeur qu'y ajoutent les scribes et les enlumineurs le font contraster encore plus avec l'imprimé. Les scribes sont bien plus soigneux que les artisans de l'imprimerie et dans les manuscrits, on fait beaucoup plus attention à l'orthographe et aux autres attributs du livre.

Les critiques de l'imprimerie que j'ai évoquées jusqu'ici (celles de Trithemius comme les autres) sont toutes vraies et valides. Chaque postulat négatif à l'égard de l'imprimerie est juste et chaque prophétie négative s'est réalisée, comme c'est le cas de l'argument voulant que la similitude des copies imprimées rende impossibles la collation et la correction. Cela dit, pourquoi ces critiques n'ont-elles pas fait dérailler l'imprimerie ? Je propose deux explications.

Premièrement, bien que l'argument discréditant l'imprimerie ait été valide, on idéalisait certes le livre bien fait, mais on supportait facilement une petite dose d'erreurs. La valeur d'un livre n'est pas sérieusement diminuée parce qu'il contient des fautes. En fait, si cela avait été le cas, le manuscrit serait lui aussi devenu inacceptable, et au XVe siècle, ses utilisateurs étaient depuis longtemps familiers avec l'art de déchiffrer des livres imparfaits.

Deuxièmement, et plus important encore, le système de communication créé par l'imprimerie était si vaste, si rapide, si puissant et finalement si lucratif qu'on était capable de remédier à ses défauts quand c'était nécessaire. La révision constituait une tâche ardue et peu économique dans un « scriptorium », mais devenait rentable dans un atelier d'imprimerie ; et si l'atelier avait pour contrat d'imprimer des prospectus d'actions impliquant de grosses sommes, une révision de nature obsessionnelle compulsive devenait à la fois rentable et raisonnable en raison des pertes possibles qu'auraient pu engendrer les erreurs. De plus, la collection et la comparaison des erreurs sont importantes au plan didactique. La création par les savants du XIXe siècle de « l'édition critique » a permis de regrouper et de sauvegarder les variantes des textes manuscrits, puis de les multiplier et les fixer par l'imprimerie, perpétuant ainsi la valeur informative que celles-ci pouvaient offrir.

En fin de compte, les défauts de l'imprimerie et les critiques qu'ils ont suscitées n'ont rien changé à sa progression. Je tiens toutefois à préciser que Trithemius, en particulier, ne saurait être perçu comme s'opposant violemment au progrès par simple luddisme[6]. Les extraits de sa critique de l'imprimerie exposés ici ne sont qu'une petite partie de son traité. Son sujet véritable est l'érosion de la philosophie du monastère et de son « scriptorium ». Si dans la pratique il approuvait et utilisait l'imprimerie, il était incapable de concilier l'imprimerie avec sa conception de la vie monastique. Son erreur a été de se concentrer sur la préservation de la communauté monastique plutôt que sur son adaptation.

Trithemius considérait l'écriture comme le travail de l'esprit par excellence et l'imprimerie comme une menace de ce mode de vie. « Dans aucun autre aspect de sa vie active, écrit-il, le moine ne se rapproche autant de la perfection que lorsque la charité le pousse à veiller toute la nuit pour copier les textes sacrés … Le moine pieux retire quatre bienfaits particuliers de l'écriture : le temps si précieux est utilisé à bon escient ; sa compréhension est éclairée pendant qu'il

---

[6] Terme créé à partir du nom de Ned Ludd, anglais qui, au XIXe siècle, s'opposa au progrès scientifique et technique qu'il accusait de provoquer le chômage.

écrit ; son cœur s'embrase de dévotion ; et à la fin de sa vie, une grande récompense l'attend. » Il relate ensuite l'histoire d'un bénédictin, copiste si passionné, que plusieurs années après sa mort, on découvrit « plusieurs années plus tard » que les trois doigts dont il se servait pour écrire avaient miraculeusement été préservés, alors que le reste de son corps s'était complètement décomposé.

La technologie de l'écriture s'était profondément implantée dans la structure sociale et économique de la communauté monastique. On confiait aux moines qui ne savaient pas écrire les tâches de reliure, d'ornementation, de fabrication de plumes, etc. Abandonner l'écriture équivalait à renoncer à une activité qui n'était probablement pas essentielle à l'idéal monastique, mais qui était devenue une partie intégrante de sa pratique.

On sait maintenant que les craintes de Trithemius étaient justifiées. Les monastères bénédictins se sont multipliés dans les années 500 à 1000 pour culminer vers le début du millénaire. Ils ont ensuite joui d'une prospérité florissante de 1000 à 1500, mais pendant les derniers 500 ans, l'âge de l'imprimerie, ils ont connu des résultats mitigés. La domination sociale et culturelle d'une bonne part de la société européenne par le monachisme et ses institutions a rapidement décliné au XVIe siècle. Je ne fais ici aucune suggestion de déterminisme, mais je ne fais que constater que l'aptitude à survivre de cette institution était basée sur sa capacité d'adaptation au nouvel environnement technologique. (Les universités ont réussi beaucoup mieux que les monastères, au moins jusqu'à maintenant, même si au XVe siècle elles partageaient les mêmes traditions.) Mais Trithemius ne pouvait se résoudre à émettre des théories sur une telle adaptation.

Il n'était pas le seul. Certains monastères possédaient à la fois un « scriptorium » et un atelier d'imprimerie dans le même édifice, comme c'est le cas du monastère d'Augsburg pendant les années 1471 à 1476 environ, mais la plupart des installations de ce genre furent de courte durée. Pendant que Heinrich Eggestein, chez les chartreux de Strasbourg, consacrait son temps à imprimer l'histoire de la vie de leur prieur, Ludolf de Saxe, et à enseigner cette technique nouvelle à certains moines, l'imprimerie devenait une affaire florissante dans des quartiers bien moins salubres de la ville grâce à des hommes d'affaires peu soucieux de se salir les mains. C'est là qu'un nouvel ordre de l'information est né, contraignant l'ordre social, parfois avec une douloureuse lenteur, parfois à une vitesse étourdissante, à emboîter le pas.

Le personnage anti-Trithemius le plus en vue d'aujourd'hui est sans doute Marshall McLuhan qui prétendait, dans les années soixante, que les médias de communication déterminaient grandement l'histoire sociale. Il existe encore parmi nous des prophètes (pensons à Ted Nelson et à sa vision de l'hypertexte Xanadu), mais McLuhan a su capter l'attention du public au moment opportun. Chaque leçon que Trithemius n'a pas réussi à apprendre, McLuhan l'a assimilée dès son plus jeune âge. Sa prodigieuse impatience face à toute critique des nouveaux médias de communication a choqué ses lecteurs. Son empressement passionné à imaginer des transformations sociales à grande échelle bien au-delà de l'imagination, a caractérisé sa contribution à notre vision commune. McLuhan était à la fois de son temps et en avance sur son temps. Si nous ne vivons pas encore dans un village planétaire, nous vivons néanmoins dans un monde plus petit qu'il ne l'était il y a trente ans, avant l'arrivée des satellites et de CNN.

Le rôle prophétique de McLuhan constitue à la fois son succès le plus retentissant et son plus grand échec. Bien qu'il puisse paraître en soi évident que les nouveaux médias de communication mettent en jeu un puissant ensemble de forces, McLuhan n'a pas réussi à dominer le discours intellectuel, il n'a pas davantage réussi à se créer une lignée de successeurs, de disciples et de pédants périphrastiques pour le suivre et finalement, il n'a pas atteint la respectabilité qui aurait démontré que ses idées étaient devenues inoffensives. En expliquant cette anomalie — à savoir qu'un prophète ayant identifié explicitement et, en général, avec succès les conditions de connaissance et de communication actuelles, n'ait pas vraiment connu la gloire — je mettrai l'accent sur deux points.

Premièrement, la prophétie est un jeu de dupes — c'est une sorte de déclaration de la vérité qui garantit qu'elle ne sera pas crue. C'est ce qu'Énée aurait pu dire à McLuhan. Bien qu'il ait entrevu tout l'avenir de Rome lors de sa descente aux Enfers, son propre destin n'a pas été changé pour autant. Les prophètes d'Israël ont eux aussi été notoirement inefficaces à façonner la conduite de leur peuple. (Les prophètes disent beaucoup de faussetés, McLuhan ne fait pas exception, ce qui n'aide en rien, mais tout le monde dit des faussetés et ça n'enlève pas automatiquement toute crédibilité.) La prophétie comble les prophètes eux-mêmes, surtout s'ils ne vivent pas assez longtemps pour voir leurs prophéties se réaliser (bien qu'il arrive que le standing personnel du prophète et même sa santé puissent en souffrir au moment de la confrontation des faits : Cassandre l'a découvert à ses dépens). La fonction sociale que jouent les prophètes est beaucoup moins claire. Il est difficile de savoir s'ils réussissent à influencer d'une manière pratique notre comportement. La véritable utilité des prophètes est peut être de nous permettre d'assimiler après coup l'avenir théorique qu'ils ont conçu, et il est encore trop tôt pour faire un tel usage des visions de McLuhan.

Deuxièmement, le domaine intellectuel dans lequel McLuhan évoluait est particulièrement difficile à maîtriser de façon satisfaisante. Les savants s'attaquant aux mêmes questions que McLuhan — l'impact des technologies sur la pensée et le comportement — ont peine à mener une discussion qui satisfasse aux critères du discours intellectuel. Les catégories que nous utilisons au cours de notre travail intellectuel sont si profondément ancrées en nous, que la nécessité de modifier l'« angle de vue » de notre esprit afin de les relativiser, les répertorier tout en les laissant intactes mais sans leur accorder une valeur absolue serait, à juste titre, troublant et dérangeant. Par conséquent, il serait fantaisiste, pour ne pas dire au-delà des limites du possible, d'essayer de changer nos mentalités. Ce serait aussi impossible que de s'imaginer être quelqu'un que l'on n'est pas. Finalement, une modification à la McLuhan des mentalités générées par l'influence de technologies d'une autre époque est, et restera, du domaine de la fiction pour ce qui a trait au système de discours dans lequel elle évolue.

Le défi intellectuel du mcluhanisme sous toutes ses formes est que celui-ci exige que nous transformions les idées d'une manière qui selon notre jugement est illicite – de pratiquer une forme de magie, ce qui est impossible, en pensant au passé et même à l'avenir immédiat. Certes, nous pouvons convenir avec McLuhan que les Grecs nouvellement alphabétisés étaient très différents des érudits de l'époque des débuts de l'imprimerie, mais nous ne disposons pas des outils nécessaires pour faire concorder ces deux systèmes de discours. Nous ne disposons que de notre propre système de discours, séculier et conditionné par la technologie.

Nous désertons donc la vision de McLuhan, non convaincus, et avec raison, même si nous lui conférons le statut et le déshonneur d'un prophète. Si nous sommes circonspects, nous verrons que le problème sous-jacent est dans l'histoire des mentalités. Reste à savoir si une reconstruction postmoderne délibérée des mentalités s'avérera plus fructueuse, mais j'en doute. Si elle réussit, ce sera parce qu'elle commencera de manière timide et incertaine — la caractéristique même qui rend de l'extérieur ce genre d'examen et de discours si répugnant pour la collectivité bien-pensante.

Le travail de McLuhan est de grande valeur, mais il n'a pas la valeur qu'il paraît avoir. Il est instructif, stimulant et exaspérant — et sans doute le plus efficace lorsqu'il est le plus exaspérant. Mes ses prophéties se prêtent mal à des applications pratiques. D'un point de vue mythique, elles sont des utopies de grande qualité ; d'un point de vue historique ou sociologique, elles échouent.

Si nous nous trouvons dans un tourbillon d'idées contradictoires et de nouvelles technologies, quelle est alors la meilleure façon de procéder ? Se cramponner aux anciennes institutions sociales nuit à celles-ci ; hurler des prophéties dans la tempête n'impressionne personne et donne peu de résultats. Ces deux approches trouvent leurs adeptes, mais on nous excusera de préférer aller de l'avant pour trouver un juste milieu.

Comme dernier exemple, permettez-moi de revenir à Cassiodore, qui a l'outrage d'être utilisé comme sujet dans ma thèse de doctorat et d'avoir prêté son nom à mon premier livre. Je l'ai choisi en partie pour sa réputation d'avoir dérobé aux Barbares la civilisation classique sur son déclin, de l'avoir enfermée dans un cloître et d'avoir enseigné aux moines à copier les classiques — une image romantique que j'ai eu beaucoup de peine à démolir plus tard. Je n'avais pas réalisé à l'époque que Cassiodore était d'une pertinence troublante par rapport au sujet dont je viens de parler.

Cassiodore appartient à peu près au siècle des écrivains chrétiens latins qui ont inventé le christianisme textuel latin. Il connaît personnellement des personnages comme Denys le Petit, Eugippe de Naples et Boèce, l'auteur du best-seller médiéval *La Consolation de Philosophie*. Vers la fin de sa longue carrière d'homme d'État, Cassiodore a l'idée d'un programme éducatif très conservateur : l'établissement à Rome d'une école de hautes études, avec l'appui du pape Agapit Ier (535-536). Il désire fonder une telle école non parce qu'il croit le moment venu de détrôner les classiques, car il sait que les classiques sont capables de survivre par eux-mêmes et que les études chrétiennes manquent de financement. La guerre éclate et Cassiodore se retrouve invité d'honneur, c'est-à-dire réfugié politique, à Constantinople où il écrit un commentaire sur le Livre des Psaumes. À la fin de la guerre, il retourne en Italie, non pas dans une des villes importantes où il avait fait carrière, mais à son domaine isolé de Vivarium en Calabre. Il fonde un monastère sur la propriété familiale. C'est à peu près en 554 de notre ère qu'il reprend, où il l'avait laissé vingt ans auparavant, le même projet intellectuel de fonder une université chrétienne à Rome. Ses *Institutiones* sont le plan schématique intellectuel de ce projet et un précieux témoignage de la culture latine chrétienne du Moyen Âge.

À plusieurs points de vue, le projet de Vivarium est tombé à plat. S'il fut considéré comme un point tournant, c'est que nos histoires du passé exigent qu'il y ait un point tournant. Il n'y a aucune preuve que Cassiodore ait bien réussi à inculquer à ses moines la culture textuelle chrétienne. Il leur a laissé épurer le commentaire hérétique présomptif de Pélage sur les épîtres de Paul (il avait lui-même expurgé en premier celui des épîtres aux Romains), et ceux-ci s'en sont donné à cœur joie pour les autres épîtres, avec comme résultat que ce commentaire détaillé sur Paul (encore truffé des suppositions et des interprétations de Pélage, mais édulcoré de ses slogans les plus choquants) a été propagé tout au cours du Moyen Âge comme si l'orthodoxie constituait par le fait même une garantie. Parce qu'y figuraient quelques citations isolées d'Augustin, ce dernier — par l'entremise de Cassiodore — s'est retrouvé garant, à son insu et contre son gré, de la survie des idées de Pélage sous cette forme particulièrement sournoise.

La dernière entreprise de Cassiodore montre qu'il essaie encore de former ses moines pour en faire des scribes en compilant un traité sur l'orthographe, mais son entreprise ne donne rien. Quelques années après sa mort, les moines se disputent avec l'évêque et leur communauté finit par sombrer, opprimée, dans l'obscurité. Plusieurs copies des ouvrages de Cassiodore survivent durant le Moyen Âge, mais avec des effets mitigés. Il faut attendre cent cinquante ans pour qu'une véritable culture monastique de scribes ne prenne racine en Grande Bretagne ; dès lors, sa propagation est lente et irrégulière. À bien des points de vues, Cassiodore est un raté.

J'ai toutefois découvert que c'est ce sauveur manqué de la civilisation occidentale, dont j'avais appris à me méfier plus jeune, qui avait eu « la » bonne idée. Cassiodore ne méprisait pas la nouveauté ; il l'utilisait sans réserve. Il ne rejetait pas les vieilles institutions, mais cherchait plutôt à trouver de nouvelles façons de les adapter. Il n'a pas perdu son temps à prédire un nouvel âge du savoir et de la sagesse.

Mais surtout, Cassiodore a réalisé de grandes choses. La vaste échelle sur laquelle il les a faites était inégalée, et inégalable. Ne serait-ce que le fait de dire, de révéler, ce qui concorde si rarement avec nos attentes par rapport à nous-mêmes et aux héros de notre culture : nous rêvons de chefs puissants, de vaillants chevaliers, de gens qui puissent changer l'histoire. Il s'avère que ce sont eux les fous et les démons de notre passé. Les vrais changements viennent de ceux qui ne s'attendent pas à créer ou à manipuler un système fermé, mais qui croient plutôt qu'une authentique évolution ne peut se faire que dans un système ouvert où la somme de gestes collectifs génère une harmonie surprenante.

Personne n'a prédit le Moyen Âge monacal, personne ne l'a choisi et nul visionnaire ne l'a bâti. De loin, nous pouvons facilement débattre de la manière dont nous aurions pu construire un meilleur Moyen Âge, mais ce faisant, nous ignorons les mérites d'un âge qui a su, avec des matériaux peu prometteurs, accomplir beaucoup plus qu'il n'avait raison d'espérer, et il l'a fait en trouvant les moyens de mettre en valeur et d'institutionnaliser l'autonomie et les responsabilités locales. S'il n'est pas évident que je parle ici des vastes mouvements sociaux communément appelés féodalisme et monachisme, alors c'est justement à cause de ce manque d'évidence que nous sommes incapables d'imaginer véritablement jusqu'à quel point les sociétés peuvent être complexes, à quel point elles peuvent être lentes à changer et à quel point un changement cohérent peut être impressionnant.

Où en sommes-nous donc maintenant ? En excluant le pragmatisme de l'ancien (Trithemius) et la théorie du nouveau (McLuhan), je viens d'éliminer deux comportements que les universitaires affectionnent. Ce que le partisan du livre d'aujourd'hui doit maîtriser, c'est le pragmatisme du nouveau. Je propose Trithemius comme saint patron de nos conservateurs et McLuhan comme saint patron de nos théoriciens. Je vois en Cassiodore non pas un saint patron, mais un collègue, un praticien qui a innové, échoué et innové encore. Il l'a fait à une échelle et avec une modestie d'intention qui le destinait à subir les critiques éventuelles d'un jeune détracteur, mais un praticien du nouveau le reconnaîtra comme un collègue. Cassiodore n'a rien résolu : c'est là sa vertu.

Mon intention n'est pas de dénigrer la théorie, mais de l'aborder selon une autre perspective. Lorsque la Philosophie apparaît dans les appartements de Boèce, l'échelle ascendante des lettres grecques pi et thêta illustre le précepte selon lequel *Theoria* suit *Praxis* et la transcende. Le vrai pragmatisme n'est pas sans théorie, mais cherche l'apothéose de la théorie émergeant de la pratique. Le pragmatique est celui qui espère qu'à la fin de la journée, la théorie du matin n'aura pas été justifiée mais mise en valeur, voire transformée, prête à revigorer la pratique et en même temps à être transformée de nouveau.

De cette façon, Cassiodore a utilisé le livre codex moderne pour étaler les formes originales des textes que son époque a produites. Il nous est aujourd'hui impossible d'imaginer avec justesse à quel point ses actions ont pu paraître originales et contrariantes. Le jeune Cassiodore apparaît comme un homme de son temps, au même titre qu'Ennode ou que le docte Boèce. Le vieux Cassiodore est allé au-delà de leur traditionalisme ; il a totalement abandonné leur monde de carrières civiles et ecclésiastiques pour une sorte de vie textuelle. Boèce serait-il allé vivre dans un monastère sur les bords de la mer Ionienne ? Ennode, un arriviste gravitant aux limites des sphères de Boèce, s'est donné lui-même un rôle de jeune de son temps, entièrement classique, c'est-à-dire conventionnel en tous points : en juxtaposant leurs écrits à ceux de Cassiodore, on est frappé par la différence qu'il peut y avoir entre l'ancien et le nouveau dans une même génération.

Il ne me semble pas non plus fortuit que le nom de Cassiodore soit davantage reconnu par les diplômés en bibliothéconomie que par les titulaires d'un doctorat, car la tâche qu'il s'était donnée, d'imposer une organisation intellectuelle la plus transparente possible des textes dont nous avons hérité, est par excellence celle du bibliothécaire. Au temps où le savoir était rare, celui qui le créait devenait le héros de la tribu, et le bibliothécaire son acolyte. Mais à l'âge de la surabondance de l'information, la production et la diffusion du savoir deviennent un jeu d'enfant. Les éditeurs espèrent que nous consentirons encore à payer pour une certaine quantité d'information dans l'avenir, mais je me demande s'ils ne sont pas un peu trop optimistes, un peu trop comme Trithemius s'accrochant désespérément à une structure sociale périmée. Lorsque les vagues de cette mer de données se briseront à ma porte, le service que je serai prêt à payer est celui qui m'aidera à filtrer cette inondation et à y trouver les réponses à mes besoins.

Aujourd'hui, dans la chaîne de la production, de la diffusion et de la consommation du savoir, les bibliothécaires ont déjà fait de cette aptitude leur spécialité. Ils ont, en outre, déjà tracé la voie dans ce nouvel environnement de l'information, à tout le moins pour les universitaires. Pris entre la demande croissante d'information de la part de leurs clients (professeurs et étudiants) et l'offre croissante de cette information et de son prix de la part de leurs fournisseurs, ils prennent déjà des décisions pragmatiques sur l'importance de la propriété par opposition à l'accès, de l'imprimé par opposition à l'électronique, etc. Pourrait-on s'imaginer qu'un jour dans nos universités, les bibliothécaires deviennent les héros bien payés et les professeurs, leurs acolytes ? Je ne crois pas que nous pourrions ni ne devrions éliminer cette possibilité.

Le pragmatisme est une discipline ardue. La tâche de se remodeler pour s'adapter au monde dans lequel on se trouve peut même s'avérer pénible. Une façon d'y parvenir serait de prendre davantage conscience de l'anormalité de la relation que notre culture entretient avec le livre. Il y a belle lurette que nous avons cessé de voir l'étrangeté de la textualité et de ses institutions : qu'il s'agisse de l'éditeur qui produit le livre, du bibliothécaire qui en prend soin et le rend accessible ou de l'universitaire qui lègue à ses étudiants l'art mystique de l'interprétation. N'est-il pas étrange que nous saisissions la parole, la plus chimérique des créations humaines, et que nous tentions de la figer à jamais ? Ou encore que nous accordions aux paroles figées de ceux qui sont morts et enterrés, ou du moins absents, le pouvoir de contrôler notre propre expérience du vécu *ici et maintenant* ?

La continuité culturelle réside dans la mémoire, c'est-à-dire dans la représentation mentale de ce qui n'existe plus. C'est une façon extraordinaire d'être humain, et il n'est pas impossible que nous découvrions un jour dans un coin reculé de la galaxie une race qui ait développé une sorte d'humanité sans cette construction élaborée d'une continuité. Pour l'instant, peut-être suffit-il de se rendre compte que tout ce que nous faisons dans ce sens ressemble un peu à une des élucubrations de Rube Goldberg[7]. De temps à autre, ces élaborations complexes doivent être reconstruites, parfois même après s'être écroulées sous le poids de leur propre complexité et nous découvrons que l'esprit véritable de notre culture ne consiste pas à apposer des petits morceaux de sparadrap pour faire tenir la structure dont nous avons héritée, mais à contribuer allègrement à sa reconstruction perpétuelle.

Dans ce même esprit, je dois dire que malgré toute la passion et l'affection que j'éprouve pour les livres, je n'ai guère cure du sort que l'avenir leur réserve. Les livres ne sont que des véhicules secondaires de la culture. La civilisation occidentale (ou toute autre créature allégorique que nous concoctons pour personnifier notre amour-propre) n'est pas une chose à entretenir. La civilisation occidentale c'est nous, et c'est à nous de la construire comme de la rebâtir. L'idée que nous appartenions à une génération à laquelle incombe ce travail peut paraître effrayante. Elle peut aussi être grisante.

[7] Plusieurs des élucubrations de Rube Goldberg sont accessibles sur son site Internet à http://www.rube-goldberg.com/.

Hyperlien

À QUI APPARTIENT CETTE IDÉE ?

La famille O'Donnell n'a pas toujours été orthodoxe en matière de droits d'auteurs. Au VIe siècle, un de ses membres, du nom de Colomba, qui désirait une copie des Psaumes en latin, les a copiés lui-même à partir d'un manuscrit appartenant à quelqu'un d'autre. Le propriétaire de l'original s'y est objecté et a amené la cause devant le roi du pays, qui a décrété que « comme le veau appartient à la vache, la copie appartient donc au livre » et a accordé la propriété de la copie au propriétaire de l'original. Colomba s'est opposé à cette décision et une querelle a suivi — quelque chose entre une guerre généralisée et une bagarre dans un pub irlandais. À la fin, Colomba a conservé sa copie. Toutefois, son confesseur désapprouvant la violence utilisée pour parvenir à ses fins, lui impose comme pénitence de quitter l'Irlande et de ne jamais y remettre les pieds.

Si cette bonne vieille histoire, pourtant bien attestée, nous paraît incongrue, c'est à cause du temps et du lieu où elle s'est produite. La maladresse du jugement du roi, nous désapprouvons sans doute tous, révèle l'absence d'une notion claire et cohérente de propriété intellectuelle. Bien que l'expression elle-même soit un oxymoron, elle détermine la façon dont nous produisons, distribuons et consommons aujourd'hui des idées de toutes sortes.

La condition nécessaire à l'émergence de cette notion a été l'invention de l'imprimerie et la possibilité de produire des copies multiples à partir d'un original unique pour les vendre rapidement et à bas prix. La relation entre l'écrivain et le propriétaire de la presse était vouée à devenir problématique. (Qu'elle ne le soit pas devenue tout de suite vient du fait qu'à ses débuts, l'imprimerie ne produisait pas beaucoup de nouvelles œuvres. Les premiers livres imprimés avaient en grande majorité été écrits des siècles et même des millénaires auparavant.)

Pendant longtemps, l'ancien style de soutien des écrivains se poursuit : le patronage, c'est-à-dire la subvention de l'écrivain par un personnage important ou une institution. Le copyright tel qu'on le connaît (y compris le terme lui-même) est une invention du XVIIIe siècle et concorde, non par hasard, avec le moment où Samuel Johnson devient manifestement un des premiers écrivains anglais à vivre des fruits de son travail sans l'aide d'un mécène. Au temps de la Constitution américaine, les droits d'auteur étaient suffisamment importants pour qu'on accorde au Congrès le pouvoir de les gérer afin de « promouvoir l'avancement de la science et des arts pratiques » – un progrès qui implique que l'auteur soit encouragé à écrire et à publier, et les lecteurs à lire et à réagir à ce qu'ils lisent.

La notion selon laquelle les mots peuvent être considérés comme une propriété et l'auteur libre de déterminer où, quand et comment ceux-ci peuvent être imprimés lui a donné une place importante dans l'économie du livre imprimé. En même temps, le principe contraire enchâssé dans les premières lois sur les droits d'auteur, et dans d'autres lois depuis, stipulant qu'un livre appartient à son propriétaire et qu'il peut en disposer à sa guise, s'est révélé être tout aussi important. Si l'économie peut se réduire à l'offre et la demande, le génie du système de copyright qui émerge du XVIIIe siècle est qu'il rend justice à tous les partenaires du marché. Il crée pour l'auteur un moyen d'être rémunéré pour ses mots et pour le lecteur un moyen d'utiliser ces mots librement et de façon responsable. Il a rendu possible la croissance de grandes bibliothèques publiques et institutionnelles où une collectivité se partage des livres que ses membres seraient incapables de s'offrir s'ils avaient à les acheter individuellement.

La notion de copyright dépendait toutefois largement de la technologie. Les droits d'auteur sont faciles à défendre quand le copyright ne peut être violé que par quelqu'un ayant investi un gros capital dans une presse d'imprimerie. Malgré cette contrainte, il était possible de violer les droits d'auteur et de s'en tirer, mais c'était risqué. La conséquence de cette violation étant la confiscation d'une part substantielle des avoirs du violateur, on imagine alors que les imprimeurs y songeraient à deux reprises avant de commettre un tel méfait.

Les droits d'auteur pourront-ils survivre dans un environnement en grande partie électronique ? Voilà une question qui suscite de chauds débats. Les bases technologiques de la notion de copyright se sont graduellement effritées au point d'avoir perdu presque toute pertinence. L'attaque des droits d'auteur a commencé avec le photocopieur, machine spécialisée dont l'utilisation peu coûteuse permettait de contourner l'exigence d'avoir à acheter la copie imprimée d'un livre ou d'un périodique. Au cours de la trentaine d'années d'histoire de la xérographie, on a vu la menace de copie sans restriction arrêtée par les jugements contre les centres de photocopie pour leur violation des lois sur le copyright. On copie encore aujourd'hui illégalement un pourcentage encore plus grand d'information « originale », mais l'économie de l'information s'est ajustée à cette pratique et continue à prospérer.

Or à première vue, les médias électroniques semblent constituer une menace encore plus grande pour la protection des droits d'auteur. Le désavantage de la photocopie est qu'elle est encombrante à fabriquer et à utiliser. Personne ne préfère, si on lui en donne le choix, une liasse de feuilles tachées d'encre à un livre soigneusement imprimé et relié. Mais lorsque l'information existe sous forme de groupes de 1 et de 0 quelque part sur un disque, produire une copie de cette information n'est plus qu'une question de nanosecondes, et le résultat est en tous points identique à l'original. De surcroît, la technologie nécessaire pour produire une telle copie est relativement économique, légère, aisément dissimulable et difficile à retracer. La porte de l'écurie aurait-elle été arrachée de ses gonds ?

Peut-être que oui, peut-être que non. L'ingéniosité humaine est grande et notre volonté de protéger l'information est réelle, il y a donc lieu de croire que nous pourrions y arriver. Si l'information dépend d'un facteur de la plate-forme particulière sur laquelle elle est fixée (le logiciel qu'elle utilise ou une structure des fichiers à l'intérieur d'un dossier) et qu'il soit difficile de l'enlever, et si le coût de cette information est raisonnable, peu de lecteurs ou d'utilisateurs seront alors tentés de l'en extraire. Tout comme pour l'information photocopiée, le défi n'est pas de prévenir le vol, mais de le rendre suffisamment difficile pour que les principaux fournisseurs d'information conservent une certaine rentabilité.

Il n'est donc pas utile de se demander si les droits d'auteur survivront. Ils survivront tant et aussi longtemps que les fournisseurs d'information voudront qu'ils survivent. En effet, la véritable menace actuelle est que les fournisseurs d'information profitent de leur influence sur les gouvernements pour faire imposer plus de restrictions à la circulation de l'information dans le cyberespace que celles qui astreignaient l'information imprimée. Les licences d'utilisation, ayant force de loi, que les lecteurs acceptent de signer pour avoir accès à certaines banques de données, les forcent à se conduire de manière bien plus restrictive que la loi sur le copyright ne l'a jamais exigé. De plus, le concept juridique « d'utilisation équitable » — ce genre de copie et de republication de l'information à des fins spécialisées, scientifiques et éducatives vont bien au-delà de ce qui pourrait être permis au lecteur ordinaire.

Ces forces menacent nos bibliothèques publiques et de recherche davantage qu'aucun autre élément ne l'a fait depuis des décennies. Aujourd'hui les bibliothèques achètent une encyclopédie et la mettent sur les rayons pour qu'elle soit utilisée par tous. Demain, elles devront payer une grosse somme pour obtenir l'encyclopédie, puis devront débourser des frais additionnels pour chaque utilisation. Elles n'auront pas le droit de permettre à quelqu'un qui n'est pas membre d'une telle communauté universitaire de l'utiliser et seront tenues de la rendre si elles cessent de payer les frais annuels.

Voilà assurément des développements inquiétants. Mais il y a encore de la place pour l'optimisme. Les restrictions excessives engendrent une demande pour l'accès illimité et les éditeurs ayant la prise la plus serrée sur leur produit risquent qu'un concurrent permettant un accès plus libre le rendent périmé. En outre, la culture naissante de l'Internet, avec ses possibilités bien différentes de celles de l'imprimerie, trouvera probablement de nouvelles façons d'imaginer une économie de l'information.

Cette dernière perspective est vraiment passionnante. La culture de l'Internet est marquée par une mentalité d'échange de faveurs où les personnes produisent du matériel et contribuent à un fonds commun auquel elles peuvent puiser. Le seuil de « publication » est plus bas que jamais. Un ordinateur avec modem permet de distribuer des milliers de copies de nos mots en quelques minutes. Une personne ayant investi le temps et les efforts nécessaires à la création d'une ressource informationnelle (une liste de tous les ovnis aperçus dans le centre de l'Idaho au cours des cinquante dernières années ou une étude détaillée des dispositions théologiques d'un ensemble de fragments des manuscrits de la mer Morte —l'utile comme le superflu font bon ménage dans un tel environnement) n'a besoin d'aucun intermédiaire pour distribuer au monde cette ressource en copies pleinement fonctionnelles. À mesure qu'émergent de nouvelles communautés d'intérêt en ligne, elles deviennent des lieux de partage pour ce genre d'information.

Des pourparlers sérieux se tiennent déjà pour qu'on utilise cet aspect de l'information interconnectée pour distribuer de l'information savante ou scientifique de haute qualité. Le marché par lequel cette information savante ou scientifique a jusqu'à maintenant été diffusée en format imprimé est déjà quelque peu complexe, car les coûts de production de cette information (c'est-à-dire les coûts reliés à la recherche et à la rédaction) sont déjà fortement subventionnés par les employeurs institutionnels. En comparaison, le pourcentage des coûts réservés à la diffusion mondiale est minime. Je me fais l'avocat du diable, mais qu'arriverait-il si un léger changement dans l'allocation des coûts pouvait rendre un tel discours librement accessible au grand public, plus rapidement et moins coûteux que jamais ? Si cette vision se réalisait, les droits d'auteur deviendraient alors dépassés dans le domaine des sciences et de la connaissance, et une toute nouvelle conception de ce que serait la propriété intellectuelle et de la manière de la réglementer deviendrait alors nécessaire.

Aujourd'hui, l'utilisateur raisonnable d'information respecte et observe religieusement les lois sur le copyright ainsi que les licences d'utilisation, mais en même temps cherche les occasions et réfléchit aux perspectives de créer des économies de remplacement pour le bien commun. La technologie électronique en réseau possède un potentiel immense pour démocratiser l'accès à l'information — ce même ordinateur avec modem peut amener le monde à votre porte, même si celle-ci est à des milliers de kilomètres de la bibliothèque universitaire la plus proche.

Le livre que Colomba a copié l'a accompagné en Écosse et la famille O'Donnell l'a conservé pendant plus de mille ans. Colomba a été vénéré comme un saint et le livre a été traité comme une relique : on lui a fabriqué une châsse sertie de pierres précieuses, et l'ensemble a été considéré comme porte-bonheur. Baptisée *Cathach* (Batailleur), la famille O'Donnell l'a apportée à la guerre pendant près de mille ans, jusqu'au XVIe siècle où elle l'a mise en sécurité.

L'ironie ultime de cette histoire est que la *Cathach* est finalement devenue un bien dépouillé de sa valeur intellectuelle. Au XIXe siècle, un membre de la famille a ramené la châsse en Irlande où il a découvert avec surprise qu'elle contenait un livre. La fonction porte-bonheur de l'objet et la beauté de l'écrin dans lequel il était enchâssé avaient oblitéré de la mémoire l'existence même du livre.

Et c'est là le risque des lois sur la propriété intellectuelle : basées sur un oxymoron, elles peuvent transformer si complètement l'intellectuel en propriété que leur but premier est tout à fait perdu. En 1994, lorsque les négociateurs du département du Commerce extérieur des États-Unis ont rencontré le gouvernement chinois au sujet des violations de copyright par la Chine, il n'était nullement question de matériel « pour promouvoir l'avancement de la science et des arts pratiques », mais bien de disques compacts *punk rock* et de vidéocassettes du *Roi Lion*, des moyens que le commerce a imaginés pour transformer la propriété intellectuelle en profits faramineux. La démarche la plus sage pour ceux qui ont à cœur la qualité de leur discours et qui aiment la propriété véritablement intellectuelle est de chercher dans les nouveaux médias des voies favorables à une économie des idées libre et ouverte, tout en laissant les sans-idées se quereller avec leurs poursuites en justice et leurs menaces de guerre commerciale pour des dessins animés et du bruit.

Chapitre Cinq

LES ANCIENS ET LES MODERNES : LES CLASSIQUES ET LES CIVILISATIONS OCCIDENTALES

Alfred Edward Housman, qu'on connaît pour ses livrets d'élégante poésie, a commencé tard à enseigner les classiques. Sa brillante carrière à Oxford a déraillé à la dernière minute et, après avoir échoué son examen final, il a passé dix ans dans une région isolée comme employé du Bureau des brevets britanniques, poursuivant ses études classiques le soir et publiant des articles érudits. Ses articles étaient de si grande qualité qu'à l'âge de 33 ans, on l'a engagé comme professeur de latin au University College, à Londres. Il y a enseigné une vingtaine d'années, puis a poursuivi sa carrière à Cambridge où sa vie alternait entre les plaisirs austères du savoir et les joies, moins austères pour lui, de la table.

Housman se montrait féroce dans son souci du détail et son mépris envers ceux qui ne correspondaient pas à ses critères de connaissance et de précision. Il est sans doute le plus notoire des représentants d'une longue tradition du genre particulier d'érudits dont le comportement porte même un nom latin : *odium philologicum*, ou hostilité philologique. La haute qualité de son travail réussit à peine à compenser sa réputation d'avoir un mauvais caractère. Il s'était spécialisé dans la publication et la critique d'ouvrages des poètes latins. Ses éditions de Manilius, Juvénal et Lucain sont encore aujourd'hui considérées comme importantes, voire de véritables outils académiques : Housman n'écrivait pas pour le grand public, et ses éditions indiquaient ouvertement sur leur page couverture qu'elles étaient réservées à l'usage exclusif d'autres éditeurs. Des trois éditions qu'il a réalisées, seule la moins impressionnante, le Juvénal, traite d'un poète que presque plus personne ne connaît au XXe siècle, à part quelques spécialistes.

Dans la plupart des descriptions conventionnelles de l'œuvre de Housman, on déplore qu'un poète si doué se gaspille dans une préoccupation obsessionnelle pour des poètes moins talentueux que lui. Mais une telle critique ne rend pas justice à l'authenticité avec laquelle Housman s'est montré à la hauteur d'une image implicite de sa culture. Au XIXe et au début du XXe siècle, être professeur de latin ou de grec à Oxford ou à Cambridge conférait un prestige comparable à celui d'un généticien menant des recherches contre le cancer aujourd'hui. Ce mélange de folie et de génie que Housman personnifiait ne pouvait résulter que des institutions et des obsessions qui l'ont formé. (Je considère Housman comme le Nietzsche anglais — semblables parce qu'ils étaient tous deux des parangons de l'érudition classique et devenus fous parce que chacun se prenait, avec les classiques, mortellement au sérieux ! Zarathoustra est le cousin extraverti du gars du Shropshire.)

Du temps de Housman, les classiques dominaient la scène littéraire et universitaire. La reprise des contacts avec le monde grec à la fin du XVIIIe et au début du XIXe siècle (au moment où l'emprise ottomane sur la Grèce commençait à se relâcher) contribuait à la création d'un siècle d'activités intenses dans l'étude des classiques. Pour les générations succédant à Goethe et Winckelmann, le retour aux classiques grecs et latins ressemblait à l'envol libérateur de la société chrétienne bourgeoise vers un monde de valeurs plus saines, plus simples et plus claires. Mais ce qui avait été de l'enthousiasme pour une génération est devenu pour la suivante une discipline scientifique et aride : retour positiviste de la vérité d'un passé ancien. On peut constater l'apothéose de cet esprit chez le savant berlinois Ulrich von Wilamowitz-Moellendorf qui avait su combiner à un talent éblouissant pour l'enseignement, une attention rigoureuse au détail et un flair pour l'interprétation qui faisaient de ses conférences publiques le centre d'attraction des dames de Berlin.

Mais l'*éclat*[8] des classiques rejaillissait au-delà des spécialistes, même en Grande-Bretagne. Un des professeurs de Edward Morgan Forster à Cambridge, Goldsworthy Lowes Dickinson, était si imbu de

[8] En français dans le texte.

l'esprit libérateur des classiques qu'il écrivait ses propres dialogues dans la veine platonique. Le professeur de grec à Oxford, à l'époque où Housman était titulaire de la chaire de latin à Cambridge, était Gilbert Murray. Murray s'était mérité l'affection du public pour ses traductions édouardiennes de tragédies grecques, lesquelles avaient eu beaucoup de succès en anglais sur les scènes britanniques. Quand on les lit aujourd'hui, ces pièces d'époque renseignent davantage sur Murray et son temps que sur quoi que ce soit de grec.

Les garçons de la haute société pouvaient s'attendre à passer leur enfance et leur adolescence à apprendre le grec et le latin. Si nous pouvions aujourd'hui leur faire passer nous-mêmes un examen, nous serions impressionnés par l'exactitude et la simplicité de leurs connaissances. Ils connaissaient mieux leurs ablatifs et leurs périphrases que ne les connaissent la plupart des étudiants diplômés d'aujourd'hui, mais ils lisaient leurs textes si littéralement et bêtement que c'en était fascinant de les voir. Bien que la plupart des garçons ne démontraient guère ou peu d'intérêt pour leurs études, l'écrasante répétition (soutenue par la menace de châtiment corporel) signifiait qu'une certaine assimilation de la substance devenait inévitable. Parmi ceux qui étaient assez brillants pour faire des études universitaires, seulement un nombre infime réussissaient. (Une des éditions de Housman est dédicacée à un ami du temps où il fréquentait le collège, un savant de formation ; la dédicace est écrite en plusieurs élégantes lignes de vers élégiaques latins que le destinataire devait sûrement comprendre.)

Mais les classiques pénétraient au-delà de cette strate de l'élite de la société. C'est le cas de Rudyard Kipling. Bien que Kipling ait été en quelque sorte réhabilité tardivement, et que les rayons des librairies étalent encore la plupart de ses ouvrages, son livre sans doute le plus difficile à trouver est celui qui m'apparaît le plus instructif : *Stalky et Cie*. Ce roman ressemble à une simple collection d'histoires sur des écoliers britanniques de la fin du XIXe siècle, bachotant le latin et le grec et faisant les 400 coups dans une école publique peu distinguée. Stalky et Cie a d'abord été publié en version reliée en 1899, puis réimprimé après la Première Guerre mondiale, enrichi de quelques histoires et de quelques vers

La plus révélatrice de ces histoires, *Regulus*, n'apparaît que dans l'édition enrichie. Elle débute dans une classe où l'on travaille à la traduction d'un poème ardu d'Horace, l'histoire d'un Romain particulièrement héroïque et dévoué. Suit une petite scène de la vie étudiante où une victime innocente subit un châtiment injuste. Graduellement, il apparaît au lecteur que la vie est en train de recréer l'art à une petite échelle. Dans l'Angleterre de l'époque victorienne, on a fait divers usages des classiques grecs et latins, mais leur rôle en tant que modèles de perfectionnement et à titre d'exemples avisés des comportements à éviter était primordial. La rencontre particulière de l'impérialisme, de la vertu masculine et de la vénération des anciens est une création caractéristique de la fin de l'ère victorienne.

L'éducation par l'exemple atteint son apogée au dernier chapitre de *Stalky et Cie.* quand, délaissant l'école, nous nous retrouvons quelques années plus tard dans une histoire de la vie à la frontière indienne de l'Empire. Il est clair que même en 1899, il s'agissait d'histoires glorifiant un passé brillant, et les aventures adultes de Stalky se déroulent dans les années 1880. (Ce livre, paru dans les jours sombres de la guerre des Boers, a été réimprimé après la Première Guerre mondiale, au moment où les ambiguïtés de l'Empire commençaient à se faire sentir en Grande-Bretagne, mais où il était encore possible de raconter ces histoires d'impérialisme victorien éhonté.) À mesure qu'il avance dans les dernières pages du récit, le lecteur attentif commencera à remarquer que chacun des actes de bravoure de Stalky dans l'armée britannique avait été annoncé par une reconnaissance, un raid, un subterfuge ou un geste de défi durant sa vie étudiante dans un chapitre précédent. D'une certaine façon, le livre en entier présente sous un jour favorable le déclin du siècle impérial britannique, dès l'apparition de ce phénomène, par le célèbre *mot* [9] du duc de Wellington au sujet de la victoire de Waterloo. Tout au long de cette époque, l'idéologie de la conscience académique britannique était classique.

Il ne faut pas croire que l'éducation classique était unilatéralement impérialiste. Elle n'aurait pas été si répandue s'il en avait été ainsi. Son influence a plutôt produit un effet plus subtil sur la culture

---

[9] En français dans le texte.

britannique, offrant une variété limitée de schèmes élaborés de pensée et de conduite. En fait, il n'est donc pas surprenant que les ouvrages classiques eux-mêmes aient été subtilement à l'image de la Grande-Bretagne qu'ils glorifiaient. Certaines époques et certains auteurs connurent une vogue où les lignes d'interprétation de la culture dominante justifiaient alors la pertinence du recours à l'utilisation moderne des auteurs anciens. La suppression des qualités érotiques homosexuelles de certaines œuvres de Platon (dont *le Phèdre*) était incomplète et, du moins au yeux de certains, transparente, mais suffisante pour satisfaire au décorum d'une société déterminée à supprimer, ou du moins à renier, l'érotisme homosexuel en son sein.

Les classiques n'étaient pas non plus la seule source d'autorité, bien au contraire. Le XIXe siècle a sans doute connu l'apogée de la notion selon laquelle le salut et la sagesse se trouvaient dans les pages d'un livre, et les saintes Écritures conservaient une emprise puissante sur l'imagination et, habituellement, les croyances de la plupart des auteurs classiques. Ce qu'il y a de remarquable, c'est le syncrétisme nonchalant des idéologies, et la croyance dans le fait que la Grèce, Rome et la Bible chrétienne encourageaient et justifiaient la Grande-Bretagne de l'époque ; c'est une croyance d'autant plus remarquable qu'elle était partagée à cette période (avec les ajustements nationalistes nécessaires) par plusieurs autres pays.

Si on s'aventurait, comme une sorte de non-croyant en la matière, à donner voix au credo sous-jacent de ce classicisme du XIXe siècle qui colore encore aujourd'hui, avec l'ironie qui s'impose, la plupart de nos débats sur le contenu éducatif, cela ressemblerait un peu à ceci : Au commencement, la terre était sans forme, vide et préhistorique. La civilisation vit le jour en Mésopotamie et en Égypte, mais les systèmes d'écriture de ces pays étaient obscurs, donc inférieurs, et leurs sociétés étaient dominées par les prêtres. Les Grecs acquirent ensuite l'alphabet et la démocratie, et s'ensuivirent de grands arts et une grande sagesse. Nous sommes prêts à oublier leurs nombreux prêtres. Mais les Grecs n'avaient pas assez d'esprit pratique pour survivre et leur culture disparut, cédant la place aux Romains qui utilisèrent résolument leurs talents pour entreprendre la tâche d'organiser le gouvernement. Ils réussirent à établir un empire paisible et prospère dans le monde connu de l'époque. L'empire romain dura cinq cents ans puis s'effondra, pour des raisons qu'on pourrait finalement attribuer à une quelconque défaillance interne. Suivit une période que nous appelons l'âge des ténèbres. L'âge des ténèbres a été plus ou moins réhabilité au cours des dernières décennies par des prises de pouvoir expansionnistes de deux tendances, et les moments marquants de cette période sont maintenant reconnus comme la B*asse Antiquité* ou encore comme *pré-* ou *proto-moderne* ; mais on s'entend à ce que l'âge des ténèbres demeure une période dominée par la religion (nous ne sommes pas prêts d'oublier *leurs* prêtres) et la quasi-chute dans une incapacité préhistorique à s'exprimer. Heureusement, la lumière est réapparue et l'âge des ténèbres a fait place à la Renaissance, puis à la naissance de l'Europe moderne (une préparation providentielle pour nous), aux Lumières (de mieux en mieux), au romantisme, au modernisme (quelques fausses notes) et maintenant peut-être (avec un peu de nervosité) au postmodernisme.

Plusieurs choses clochent dans ce récit, bien qu'il soit d'une façon ou d'une autre (même pour ceux qui le contestent) le récit-maître de toutes les discussions sur les cultures occidentales aujourd'hui. Parce qu'il n'existe aucun substitut crédible, la plupart de ses critiques finissent par contester la valeur de certaines parties du récit ou par les réécrire. Malgré tout, le récit-maître demeure en place, même si on n'y croit pas.

Le défaut le plus remarquable de ce récit linéaire est enchâssé dans le récit même, c'est-à-dire que la ligne de succession a été brisée et a besoin d'être réparée. La présence privilégiée dans la culture européenne moderne des ancêtres culturels grecs est un choix volontaire, fait en plusieurs étapes et à plusieurs reprises entre le XVIe et le XIXe siècle. Un millénaire d'histoire occidentale s'est écoulé sans qu'on se préoccupe des Grecs ; les ponts culturels et idéologiques avec les Grecs vivant à cette époque ont même été graduellement coupés, jusqu'à une excommunication réciproque au XIe siècle et à une guerre ouverte au temps des Croisades. Indépendamment des mérites des réalisations grecques, les historiens occidentaux du Moyen Âge ne croyaient que théoriquement à cette lignée et préféraient mettre l'accent sur leur descendance biblique avec Adam à travers Israël et le christianisme, avec Rome comme véhicule pratique pour son expansion.

La décision de rendre à la Grèce son mérite a été prise consciemment par l'élite la plus « avancée » de l'époque. Pensez à la passion de Byron ou à l'attrait de « l'Orient » grec dans *le Comte de Monte-Cristo*. De plus, la construction même du récit s'est faite par étapes. C'est d'ailleurs un fait lexical que le terme « Renaissance » n'est apparu en français et en anglais qu'au XIXe siècle. Il est certain qu'aux XIVe et XVe siècles, il y avait un renouvellement et une renaissance dans l'air. (Assurément, cette époque était bien plus qu'une simple renaissance. Une sérieuse appréciation de son excellence lui accorderait davantage un caractère d'innovation plutôt qu'une restauration.) Mais c'était encore ce XIXe siècle, avec sa folie du texte, qui avait besoin de la Renaissance pour l'ajouter à son propre héritage culturel, à sa propre construction de ce qu'avaient été son héritage et son passé.

Les lecteurs de John LeCarré se souviendront comment débute son histoire *Les gens de Smiley* : la chef des services secrets soviétiques, Karla, invente une légende pour une fille. Elle concocte une histoire autour d'une fille mystérieuse, précisant qui elle était et qui avaient été ses parents, pour justifier l'existence de cette fille et la protéger des forces hostiles. Dans un sens, l'histoire factice de la civilisation occidentale, que j'ai évoquée quelques paragraphes auparavant, appartient au même type de légende.

À moins que cela ne vous semble arbitraire, demandez-vous ceci : qui sont mes ancêtres ? Si vous êtes comme moi, plutôt que d'avoir recours aux cahiers du recensement, vous préférez sans doute interroger vos histoires familiales. En ce qui me concerne, je peux retracer les histoires d'une partie de ma famille jusqu'au XIXe siècle dans l'ouest de l'Irlande et, comme la plupart des lecteurs de ce livre l'ont constaté, j'adore raconter les exploits du clan O'Donnell aussi loin qu'au début du Ve siècle. Mais lorsque je les raconte, j'invente une histoire par choix, en sélectionnant une branche ancestrale parmi une multitude d'autres. Ma grand-mère polonaise et mon grand-père anglais n'y figurent nulle part, bien qu'ils m'aient légué une bonne moitié de ce que je prétends être. Mais je conte l'histoire de famille dont j'ai besoin pour me définir à moi-même et aux autres. C'est une chose que nous faisons en tant qu'individu et en tant que collectivité.

Par conséquent, lorsque nous nous querellons à propos de questions comme le programme d'étude en histoire américaine, nous devrions reconnaître qu'il y a très peu de science et d'érudition qui sont en jeu. Mais nous préférons discuter de la construction de notre légende nationale qui change de forme au fil du temps. George Washington et Abraham Lincoln n'ont plus pour moi l'attrait qu'ils avaient (si vous en doutez, essayez de trouver des effigies de Lincoln à la prochaine convention du Parti républicain), et il y a de moins en moins d'histoires de guerre racontées dans nos classes depuis le Viêt-Nam.

Peu importe qui « nous » sommes, on ne peut nier le fait que notre version de la civilisation occidentale est extrêmement sélective. On pourrait faire ici une comparaison pratique avec la Chine dont l'attachement à un système d'écriture idéographique et à un ensemble restreint de classiques anciens a eu comme effet politique de façonner une conscience commune de la Chine et à maintenir ensemble des peuples et des cultures éloignées. Cette histoire des classiques de la « civilisation chinoise » s'est avérée être une prophétie réalisable et réalisée d'une façon bien plus complète que la nôtre. Certes, l'histoire chinoise n'a pas connu une brèche de mille ans (comme celle que nous avons eue durant l'âge des ténèbres) et les Chinois ont conservé une vision inclusive de leur individualité pendant des millénaires.

Par contraste, la caractéristique particulière de la légende occidentale est sa diversité. Les Grecs, les Romains, les Juifs, les Allemands, les Celtes : leur passé que nous voudrions leur attribuer de façon homogène apparaît déjà culturellement fort diversifié. Il est également sélectif. Bien que notre religion soit un héritage des Juifs, nous tenons notre alphabet des Phéniciens et nos chiffres de leurs voisins arabes, notre civilisation est distinctement antisémite ou du moins non sémite dans l'image qu'elle a d'elle-même. Nous avons opté pour les classiques de la Grèce et de Rome, et ces deux cultures restent liées dans nos programmes scolaires alors que les autres en sont exclues. (De façon similaire, les Romains et les Allemands ont une longue histoire de co-dépendance, mais à ma connaissance il n'existe pas de départements universitaires de latin et d'allemand.) De même, il est absolument vrai que les Grecs, les Syriens, les Juifs, les Arabes et d'autres ont créé au Proche-Orient une vaste et vibrante culture diversifiée qui, comme les cultures sémites, a résisté jusqu'à récemment à une étude approfondie parce que nos écoles ne disposaient pas de l'éventail des compétences nécessaires à ce genre d'étude.

Dans un sens, nous choisissons nos ancêtres, et notre histoire a fait en sorte que nous nous conduisions en fonction de ces choix. Notre culture est imbue des idées, des images et aussi de l'architecture des Grecs et des Romains, non parce qu'ils sont nos ancêtres, mais parce que nous avons décidé de les imiter. On pourrait écrire une histoire sérieuse des filiations et des continuités culturelles directes avec l'Antiquité, mais cette histoire n'aurait pas les poèmes d'Horace ou la philosophie de Platon comme thèmes. Il faudrait que ce soit une histoire de technologies et de pratiques culturelles. Bien sûr, les Grecs et les Romains y joueraient un rôle important, mais d'autres cultures aussi. Cette histoire ne ressemblerait pas beaucoup à la légende de la civilisation occidentale.

De telles légendes ne se créent pas d'elles-mêmes. Le fait que notre légende occidentale soit une reconstitution ne devrait pas nous inciter à croire qu'elle est vraie et complète ; c'est la manière dont nous l'avons perçue qui a importé. Ici encore, la comparaison avec la Chine est instructive. Les « Cinq Classiques » au cœur de la culture chinoise ne sont pas apparus naturellement d'un commun accord. Ils sont arrivés par la bande, avec leurs légendes fondatrices, surtout celles qu'on a propagées en tentant d'y associer Confucius. Nous devrions pouvoir distinguer entre le moment de création et le moment suivant, tout aussi important mais habituellement obscur, de la sélection et de la canonisation de tels textes.

C'est également vrai de façon spectaculaire pour la Bible, une collection de livres écrits à des endroits et à des temps différents, avec une longue histoire de coalescence et d'autorisation graduelles. Lier le nom de Moïse au Pentateuque, attribuer le nom de David à la collection des Psaumes sont des gestes d'autorisation, alors que le livre de Daniel a grandi au fil du temps. La collection des textes sacrés hébreux dans son ensemble, telle que le monde de langue grecque l'a reçue, a connu sa légende fondatrice dans l'histoire de la traduction par les Sept traducteurs (la version des Septante), qui s'étaient enfermés dans leurs cellules respectives pour n'en ressortir que des mois (ou des années ?) plus tard, avec une version miraculeusement identique des mêmes textes. L'authenticité de ces faits importe peu, cette histoire ayant surtout pour but d'expliquer et de justifier la version particulière d'une collection de livres adaptée à des lecteurs particuliers.

De la même façon, nous croyons connaître l'histoire de la collection et de la reconnaissance des classiques grecs et latins, parce que nous connaissons les histoires littéraires de ces cultures, mais ces histoires, telles que racontées couramment, ne sont pas exhaustives. Les textes que nous considérons comme des classiques grecs et latins proviennent de périodes relativement courtes. En Grèce, les auteurs les plus connus ont vécu, pour la plupart, dans le siècle suivant la mort d'Homère. À Rome, cette période est un peu plus longue, mais son âge d'or, de la lutte de Cicéron contre Catilina jusqu'à la mort de Tacite l'historien, a duré moins de deux cents ans et comporte de nombreux vides.

Élever ces contemporains au rang de classiques a été un processus subtil. Le fait de consigner Homère par écrit l'a consacré auprès des Grecs, et l'Énéide, timide imitation peu originale par Virgile, est très vite apparu dans les écoles. Du côté des Grecs, l'âge hellénique (environ d'Alexandre le Grand jusqu'à l'Empire romain à peu près) a connu un raffinement graduel et une clarification du canon des auteurs et des textes grecs à Constantinople qui a duré tout le Moyen Âge.

Les classiques latins constituent un cas plus intéressant. La littérature latine, florissante jusqu'au début du IIe siècle, a pour ainsi dire été abandonnée en tant que pratique aux IIe et IIIe siècles. Ce déclin reflétait une inanition des classes littéraires dans l'Occident latin par rapport à la vivacité continue de l'Orient grec (toujours culturellement plus ambitieux et résolu) durant la même période. Le IVe siècle — période au cours de laquelle le christianisme s'est imposé en tant que religion d'État — est reconnu comme le siècle ayant exhumé et rendu classique le passé latin. Des auteurs qui n'avaient pas été lus depuis des siècles (pour autant que nous le sachions) ont commencé à être lus et copiés.

Le côté artificiel de cet exercice apparaît évident lorsque nous considérons qui lisait et qui copiait. Vue de l'extérieur, la classe littéraire du IVe siècle ne différait pas de celle des quatre siècles précédents : c'était l'aristocratie sénatoriale de Rome, dont chaque famille avait sa propre légende et sa propre collection de masques ancestraux dans le hall central de sa demeure. Mais ces légendes n'avaient aucun fondement et la plupart de ces familles, de récente noblesse, s'alimentaient à des rêves de gloire romaine que leur avancement politique et financier encourageait. Les empereurs de l'époque eurent l'idée géniale de revivifier leur régime en créant cette nouvelle classe de pseudo-vieilles familles. Beaucoup de gens acquirent la conviction que la lecture de ces vieux livres s'imposait parfaitement, et ils s'y adonnaient : avec pédanterie, assurément, sans perspicacité, sans aucun doute, et sans la moindre trace de l'énergie et de l'esprit créatifs de ceux qui les avaient écrits. Leur choix d'auteurs favoris a en grande partie déterminé le corpus qui a survécu au cours du Moyen Âge et, par conséquent, le contenu du canon latin jusqu'à aujourd'hui. (Certains auteurs, bien sûr, ont survécu même s'ils ont été délaissés à cette époque.)

La création du passé classique, c'est-à-dire son choix et son ennoblissement en tant que modèle, a été, ironiquement, une réalisation postclassique. Dans le cas du latin, c'est la même période qui a à la fois adopté le révolutionnaire et anti-classique christianisme et créé le passé classique. Presque toute cette vénération classique du passé latin a survécu au Moyen Âge et une des raisons principales en est son classicisme ; lorsque le commerce avec l'Orient grec est redevenu possible (surtout au temps où le monde grec tombait sous la férule de l'Islam), l'idée de rendre classique le passé et de privilégier les Grecs côte à côte avec les Romains semblait tellement familière. L'ironie finale est que la Renaissance a simplement réussi là où ce Moyen Âge qu'on oublie si facilement aurait excellé.

Les discussions modernes sur la nature du passé classique nous font réaliser à quel point l'Antiquité n'est jamais très éloignée de nous. C'est là la dimension la plus séduisante de l'étude des classiques, et la plus trompeuse. Les plus ardents défenseurs des classiques répètent à satiété que les littératures grecque et latine sont si inextricablement entrelacées et mutuellement liées qu'il est impossible d'en étudier une en négligeant l'autre et qu'ensemble elles constituent une réussite exceptionnelle. Bien qu'il y ait du vrai dans cet argument, il importe de le relativiser. Cette référence mutuelle est bel et bien le produit de choix conscients des auteurs anciens. Les auteurs grecs et romains ont délibérément lié leurs propres créations à celles de la Grèce classique et ont par conséquent créé sciemment un corpus littéraire uniforme, entier et complet, d'où la nécessité de la considérer dans sa totalité si nous voulons pouvoir en comprendre une partie.

Pour des raisons pragmatiques, nous devons donc lire Homère pour saisir Virgile, Platon et Démosthène pour comprendre Cicéron, les poètes grecs lyriques pour interpréter Horace (et ainsi de suite), ou du moins pour en faire une lecture qui coïncide avec la manière dont ils ont été créés pour être lus — et c'est là que nous abandonnons la partie.

L'explosion des catégories de critiques littéraires et d'études culturelles des trente dernières années nous a démontré qu'il existe bien des façons d'appréhender une œuvre. La lecture fidèle et pieuse de Virgile a toujours sa place et nous aide à comprendre non seulement Virgile, mais également Homère, Dante et Milton par surcroît. Mais une lecture polémiste et contestataire de Virgile a tout autant sa raison d'être. Nous n'avons pas et ne devons surtout pas accepter les vues de Virgile sur lui-même et ses poèmes comme conditions *sine qua non* de leur lecture. Nous lisons trop souvent des poèmes classiques sous l'angle d'une grille de narration historique qui ne saurait résister à un examen contemporain. Percer cette grille et emprunter des chemins multiples pour explorer Virgile ne peuvent qu'enrichir le sens de ce qu'il était et de ce qu'il peut encore signifier. À la lumière de l'accent mis dans *l'Énéide* sur la *pietas* (en latin, la vertu de fidélité à ses obligations sociales), la meilleure prescription pour l'étude future de tels textes serait sans doute un peu plus d'impiété disciplinée.

Pour une brève période au XVIIIe siècle, il s'est présenté une chance que tout soit très différent. En France la « *Querelle des Anciens et des Modernes*[10] » et en Angleterre, « *The Battle of the Books* » (la Bataille des Livres), déclenchées au cours des années 1690, ont creusé un fossé dans les études classiques de l'époque.

Aujourd'hui, cette controverse nous impressionne par le remarquable bon sens du camp des perdants. Ses partisans soutenaient que la fonction des études littéraires et de la vie de l'esprit en général visait l'amélioration de l'étudiant et de son milieu. Sur cette base fondamentalement pragmatique, ils soutenaient que les auteurs anciens devaient céder la place aux modernes. La science progressait et les connaissances des modernes dépassaient celles des anciens : se référer à Aristote en philosophie était aussi ridicule que de se référer à Galien en médecine. On se querelle pendant une génération (*La Dunciade* de Pope clôt le débat) ; et à la fin, les modernes ont à la fois gagné et perdu la bataille. D'une part, les éducateurs conventionnels ont eu préséance. Les classiques sont demeurés au cœur de l'éducation et pavaient la voie pour que l'innovation et l'insécurité du XIXe siècle s'installent dans leur enseignement. D'autre part, des changements fondamentaux ont été instaurés. Les deux camps ont tacitement décidé que les auteurs classiques n'étaient plus des modèles con-

[10] En français dans le texte.

venant à toutes les disciplines. Les deux cultures que C. P. Snow considère comme coexistantes et rivales aujourd'hui nous ont réellement été léguées par cette période où les sciences pratiques ont pour la plupart renoncé à leurs liens avec l'Antiquité, alors que les sciences littéraires, philosophiques et humaines ont insisté pour garder les leurs. Les classiques ont de nouveau prospéré, mais en tant qu'objets d'étude dont l'aptitude à améliorer la vie moderne était à tout le moins non prouvée. L'argument voulant que la lecture de Platon ou de Tacite forme l'esprit ou l'âme est évidemment difficile à prouver.

Un autre événement culturel contingent a toutefois contribué à garantir aux classiques leur place dans la vie moderne. La rébellion du XVIIIe siècle contre le christianisme – qu'on appelle le Siècle des Lumières – se voulait une tentative délibérée pour faire une place dans le champ culturel à une vision non chrétienne de la vie. Les philosophes de cette époque, soucieux de s'approprier une certaine autorité, ont eu l'ingénieuse idée de puiser leur inspiration dans le passé classique et l'ont rendue explicite par leurs œuvres. Le retour au classicisme n'a pas été privilégié parce qu'il représentait la sagesse parfaite, mais parce qu'il représentait une sagesse non chrétienne.

La lecture des classiques, telle qu'améliorée et léguée par le XVIIIe siècle, nous montre une approche d'hommes de lettres sereins, sceptiques et modérément anticléricaux, portant un jugement ironique sur les manies d'un monde porté sur la folie et la religion. Cette vision du passé classique est à plusieurs égards une parodie, mais elle a été convaincante instantanément : sur le plan intellectuel, elle constituait une alternative respectable au christianisme tout en proposant aux chrétiens du XVIIIe siècle d'autres façons de concevoir la vertu et les affaires publiques. Finalement, les classiques des XVIIIe et XIXe siècles ont été une résultante des besoins et des attentes de cette époque. On pourrait prétendre (sans trop exagérer) que l'Antiquité classique a été créée au XVIIIe siècle et qu'elle est l'une des réalisations les plus impressionnantes de cette période.

La civilisation occidentale qui a créé le passé classique (et l'âge des ténèbres) peut sans doute être identifiée à ce que certains appellent *le long XIXe siècle*. De la Révolution française à la Première Guerre mondiale, la société libérale de l'Europe septentrionale a émergé, soutenue par l'illusion d'une longue période rendue heureuse et paisible par sa domination de la scène mondiale, puis elle s'est effondrée en 1914. Cette chute nous semble difficile à accepter à cause du dilemme qu'elle engendre : une partie de nous désire encore vivre dans les illusions de cette époque et une autre partie souhaite se débarrasser de ses utopies. Si nous pouvions plus clairement voir le marxisme comme une apothéose de l'optimisme du XIXe siècle, un optimisme que les plus conservateurs de nos politiciens continuent à personnifier, nous serions davantage aptes à cerner la route à suivre. Pour le moment, nous ne pouvons que déplorer la faillite du rêve de la civilisation occidentale qui nous a légué une culture sans idée. Cet argument est utile, parce qu'il est facile de prouver que les idées tuent plus que tout, et que les rêves collectifs d'un monde au-delà de l'idéologie sont notre meilleur espoir pour un avenir pragmatique.

« Qui » nous excluons et « qui » nous incluons dans la fabrication de nos légendes culturelles peut aussi avoir des effets politiques durables. Au-delà des frontières traditionnelles de l'Europe se trouve la grande alternative à notre civilisation occidentale : la tradition byzantine orthodoxe russe. Il est scandaleux que nous maintenions l'Europe grecque et slave du dernier millénaire si loin de nos préoccupations culturelles. L'indigence que nous avons manifestée en tant que culture durant les cinquante dernières années dans nos rapports avec les états soviétiques et postsoviétiques sont un reflet fidèle de notre aveuglement culturel borné.

Cette ignorance entêtée n'a d'égale dans ses effets potentiellement catastrophiques que notre rejet de l'Islam, à qui nous interdisons même d'être *occidental*. Assurément, les traditions islamiques soulèvent la question de l'utilité d'une telle catégorisation, mais il est presque ahurissant qu'une culture qui a été partie intégrante de la scène politique européenne (en Espagne puis dans les Balkans) depuis mille trois cents ans soit si résolument exclue comme étrangère, orientale et lointaine. Nous payons virtuellement le prix de cette folie en Bosnie, chaque jour.

Les États-Unis d'Amérique ont commencé à se découvrir en tant que culture dans un environnement strictement européen. Depuis deux cents ans, toutes nos relations importantes ont été établies avec les puissances européennes. La Deuxième Guerre mondiale a provoqué une véritable secousse : la rencontre avec une puissance entièrement asiatique. Il semble que ce choc ne nous ait rien enseigné. Nous nous débattons encore pour vivre dans un monde anglophone ; à peine réussissons-nous à avoir une certaine familiarité avec une ou l'autre des langues européennes. Nous avons l'outrecuidance de prétendre que ce serait un désavantage si notre société devenait davantage multilingue parce que notre insularité s'en trouverait menacée.

Et nous vivons avec une image de nous-mêmes périmée depuis des décennies, voire des siècles ; nous nous croyons jeunes, libres et non corrompus. Quand notre économie montre des signes de ralentissement inhabituel, nous sombrons dans la récession et anticipons le pire. Les seules histoires que nous pouvons imaginer en sont soit de triomphe, soit de déclin et de chute. Nous ne voyons pas que nous avons vieilli, que nous avons atteint la maturité et que nous sommes maintenant pour le monde ce qu'était l'Europe il y a cent ans : une société triomphaliste et ouverte aux arrivistes. L'Ouest américain regorge de gens qui se perçoivent comme de courageux habitants de la Frontière, alors qu'ils n'en sont que les descendants étiolés et qu'ils n'ont pas assez d'imagination pour se réinventer.

De même, il est impossible aujourd'hui d'aller à Hong-Kong sans être frappé par la prolifération des arrivistes. Les Européens débarquant en Amérique il y a un siècle avaient été secoués, eux aussi, par l'ampleur démesurée du tourbillon économique dans lequel ils mettaient les pieds. Bien sûr, aucune société n'est à l'abri des menaces susceptibles de faire dérailler tout avenir prospère, mais imaginons un instant que les pays de la côte occidentale du Pacifique continuent à prospérer et à croître, et que la Chine, pays de plus d'un milliard d'habitants, intègre avec succès le marché mondial de la consommation : qu'adviendra-t-il alors ? À quoi ressemblera l'histoire du monde dans cent ans ?

Les analystes sérieux et raisonnables, qui écrivent des livres, parlent à l'écran ou projettent leurs idées par télépathie, pourraient vraisemblablement raconter l'histoire suivante. Durant plus de deux mille ans, la sagesse de la civilisation asiatique a été sûre et fiable ; puis l'intrusion des Occidentaux prétentieux, culminant avec le bricolage fasciste du Japon de la Deuxième Guerre mondiale et la tragédie staliniste en Chine, a menacé durant un certain temps de détrôner les traditions asiatiques, mais les cultures vraiment supérieures ont finalement prévalu, absorbant le meilleur des leçons occidentales tout en conservant les vertus des cultures orientales pour en arriver à dominer l'économie mondiale avec une autorité indulgente.

Je ne raconte pas cette histoire pour en faire l'éloge mais pour poser la question suivante : si c'était la légende la plus irréfutable de notre temps ? Devons-nous nous battre ou nous rendre ? Devons-nous nous porter à la défense de la civilisation occidentale ou nous laisser engloutir par la horde asiatique ? Le caractère fatal des alternatives devrait nous sensibiliser au fait que le problème est mal posé. L'hypothèse sous-jacente d'une opposition fondamentale entre les cultures occidentale et orientale pourrait bien devenir une prophétie réalisable si nous y accordons foi. C'est justement la croyance à un monde divisé qui divise le monde. Si nous demeurons Occidentaux et que les orientaux entretiennent une conception orientale de la réalité, il est raisonnable de penser que les deux civilisations se dirigent vers leur ruine.

À l'encontre de ce scénario pessimiste, l'Est et l'Ouest parviendront peut-être à concevoir une nouvelle culture commune qui transcende le provincialisme de ces imaginations anciennes mais fatales. Il n'est plus nécessaire que nous continuions d'agir comme si nous appartenions à des mondes différents. Si nous arrivons à assimiler la leçon que Christophe Colomb nous a enseignée, à savoir qu'on parvient à l'Est en allant vers l'Ouest, alors la perspective de créer un monde plus intéressant et plus convivial a des chances de se réaliser.

Pour susciter cette perspective, nous devons d'abord faire preuve de plus d'imagination dans notre propre création de légendes. En nous opposant sur la question des légendes de la civilisation occidentale que nous devrions privilégier, nous trahissons le passé en utilisant une projection de nous-mêmes et nous trahissons le présent en attribuant la responsabilité de nos problèmes à notre passé plutôt qu'à nous-mêmes. La civilisation occidentale est aujourd'hui un sujet controversé pour deux raisons. La première est purement d'ordre idéologique, puis les questions actuelles sur les choix sont débattues en fonction de modèles puisés dans le passé. Vivons-nous dans le meilleur des mondes, c'est-à-dire dans un avenir en constante évolution ? Alors la civilisation occidentale constitue un héritage idéal. Le monde dont nous héritons est-il déchiré par des tensions insupportables ? La faute en retombe alors sur la civilisation occidentale. Ce raisonnement plutôt artificiel sert pourtant à justifier tous les antagonismes.

La deuxième raison est que nous ne pouvons rien imaginer de mieux : la vitalité du sujet est en soi le signe d'un manque d'imagination. Quelle est l'utilité de reprendre des idées et des débats d'il y a deux mille ans ? Ne serait-il pas raisonnable de dire que nous glanons dans des champs déjà bien récoltés ? Est-ce là ce que nous avons trouvé de mieux à faire ? Examinons les arguments auxquels nous sommes confrontés. Au cours des dernières années par exemple, on a fouillé l'Antiquité classique et la basse Antiquité pour tenter de comprendre pourquoi nous sommes si embarrassés par la sexualité. Peter Brown et Elaine Pagels (deux savants de Princeton qui ne sont pas prêts de se citer mutuellement) ont recherché la source de nos désordres sexuels modernes dans les idées chrétiennes d'il y a mille six cents ans, sans s'attarder aux voies par lesquelles ces idées nous sont soi-disant parvenues. Pagels, en fait, s'est bâti une carrière en menant ses combats de l'époque par la démolition des chrétiens anciens qu'elle désapprouvait. Que deviendrait-elle sans la civilisation occidentale ?

À plus grande échelle, Martin Bernal, le sinologue de l'Université Cornell, a résolu sa propre crise d'identité culturelle en écrivant plusieurs volumes de son *Black Athena* sur les racines « afro-asiatiques » des civilisations classiques. Son ouvrage, bien que boiteux à une centaine d'égards, a rejoint un public tout trouvé parmi les « afro-centristes » en quête d'une légende du passé de la civilisation dont ils pourraient attribuer le mérite aux Grecs. Cette veine argumentative en a amené certains à abuser grossièrement des faits, une situation pour laquelle Bernal rejette toute responsabilité.

Ce faisant, Bernal rate la question. Son premier volume démontre, de manière tendancieuse, le processus par lequel l'éducation du début de l'ère moderne a inventé les classiques comme outil d'exégèse du passé (accouplant le grec et le latin, excluant les sources proche-orientales et africaines). Mais son manque d'imagination, et le nôtre, est de ne pas saisir la conclusion logique de cette analyse : il faut renier une telle fabrication de légendes en faveur d'une lecture vraiment diversifiée du présent et des nombreux passés auxquels il puise. Il n'est donc pas surprenant que son ouvrage ait été une occasion rêvée pour d'autres fabricants de légendes.

Il conviendrait donc maintenant de demander à celui qui enseigne les classiques quelle valeur faut-il accorder à l'étude du passé occidental ? Pour répondre à cette question, il faudrait d'abord que nous nous fassions une idée beaucoup plus juste que celle que je crains que nous ayons de ce qui se passe réellement à l'école.

Les écoles et les universités élaborent des programmes en fonction du contenu. « L'enseignement de Shakespeare » est traité comme un objectif et une approche pédagogique de grande valeur. Lorsque son bon professeur de lycée a remis à ma mère aux environs de 1930 une copie de Shakespeare, elle l'a littéralement dévorée, car elle n'avait jamais rien lu de tel et ne pouvait s'imaginer une meilleure façon de se divertir. Dans un monde aux distractions si largement variées, qu'arrive-t-il aux étudiants qu'on oblige à vivre cette expérience ? Dans un monde privilégiant l'autonomie et la volonté, les exigences du programme académique sont une réalité bien différente de ce qu'elles étaient du temps de Stalky. À tout le moins, nous ne devrions pas croire que l'élaboration d'un programme d'études mène nécessairement à la réussite d'une éducation. Au mieux, un programme académique est un outil mais de façon fréquente, il s'avère un obstacle.

Une des réponses à ce dilemme a été brillamment dépeinte par le critique littéraire Gerald Graff, dans son livre *Beyond the Culture Wars : How Teaching the Conflicts Can Revitalize American Education.* Graff a eu une idée séduisante, et qui fonctionne à merveille pour certains professeurs : si vous débattez des valeurs traditionnelles, ayez recours au débat comme un objet d'enseignement, lisez les afro-centristes en parallèle avec William Bennett et discutez des idées qui en ressortent. Cette approche maintient fermement l'éducation sur un terrain conventionnel, puis propose des expériences non conventionnelles. La difficulté tient au fait que nous prenons pour acquis que les étudiants s'intéressent aux conflits, ou à tout le moins qu'ils en ont entendu parler. Il s'agit d'un optimisme libéral de la pire sorte. De plus, sur le plan pédagogique, l'élan vivant et vital du début du cours s'amenuise graduellement, l'intérêt diminue au point où le professeur finit par prétendre que le *Book of Virtues* de William Bennett (ou tout autre livre) est épuisé et qu'il ne peut donc plus donner son cours convenablement.

La finesse de cette stratégie illustre bien à quel point notre culture est déjà empreinte d'ironie. Le scepticisme vis-à-vis les messages reçus foisonne, rendant vulnérable tout système qui dépende de la transmission de ces messages. Lorsqu'on utilise la classe pour enseigner à la fois le message, la réception critique et l'évaluation de ce message, on crée l'occasion d'enseigner aux étudiants sur de multiples niveaux. C'est ce que les meilleurs enseignants ont toujours fait ; il reste à trouver de nouvelles façons de le faire.

L'approche que je préconise pour enseigner la réception critique du passé pourrait s'appeler « l'enseignement des surprises ». Pour l'érudit dont le travail se trouve profondément ancré au cœur de la civilisation occidentale, le secret les traditions culturelles dont nous avons hérité réside dans le fait qu'elles sont tellement diverses, polymorphes et surprenantes. Ma stratégie d'enseignement consiste donc à commencer là où les étudiants croient qu'ils sont à l'aise, puis à chercher à les désorienter, à les désarçonner, pour les amener à considérer réellement ce qu'ils étudient. Pour l'enseignant qui croit que de tels moments d'épiphanie sont essentiels à l'éducation, ceux-ci sont une bénédiction.

Mais la civilisation occidentale est-elle capable de fournir un large éventail de telles possibilités ?

Laissez-moi vous raconter deux histoires : l'une à propos de moines et l'autre de princes. Sur un rocher en mer, à quelques kilomètres de la côte ouest de l'Irlande, il y un endroit appelé Skellig Rocks, la première terre du côté de l'Europe où toutes les tempêtes qui traversent l'Atlantique en empruntant le Gulf Stream touchent terre ; certains des premiers chrétiens irlandais y ont naturellement vu l'œuvre de l'archange Michel. (Michel était l'ange de la puissance qui hantait les hauteurs, et les éclairs de l'orage évoquaient sans doute la force de son épée pendant ses combats avec le démon.) En hommage à sa puissance, quelques moines ont ramé jusqu'à ce rocher escarpé, grimpé ses falaises à-pic jusqu'à une hauteur de cent cinquante mètres et y ont fondé leur propre petite communauté : quelques huttes, une chapelle et un morceau de terre de jardinage soigneusement nourrie pour y faire des semences. Ce faisant, ils devenaient un peu, par lointaine parenté, les héritiers des traditions occidentales du monachisme et du christianisme, mais d'un point de vue moderne, ils étaient fous à lier. À une trentaine de mètres plus haut, à l'autre bout de ce rocher, on trouve un minuscule abri isolé, avec son potager grand comme un timbre-poste. C'est le refuge de quelqu'un pour qui la compagnie d'une demi-douzaine d'êtres humains, sur ce rocher balayé par les tempêtes, couvert de chiures d'oiseaux, où la pluie constitue la seule source d'eau potable, où la seule nourriture disponible consiste en oiseaux marins, poissons et quelques légumes, cette compagnie donc semblait à cet ermite si mondaine, si sociale, si tentatrice, qu'il a éprouvé le besoin de s'en éloigner.

Dans mes cours d'histoire du christianisme, très peu d'étudiants, mis à part les catholiques les plus dévots (on en voit très peu de nos jours), arrivent à saisir ce qu'était le monachisme médiéval. Les chrétiens les plus avoués d'entre eux, habituellement du genre protestants évangélistes, sont complètement dépassés par cette forme de vie chrétienne qui ne ressemble en rien au christianisme auquel ils sont habitués. Est-ce nous ? Est-ce notre tradition ? Quel rôle le passé joue-t-il aujourd'hui dans la religion chancelante et sentimentale de la Saint-Patrick pour les Américains de souche irlandaise ? Que constatons-nous lorsque nous faisons l'effort de relier les deux ? Est-ce seulement du christianisme ? Est-ce en accord avec ce que Jésus a enseigné en Palestine ? Avec ce que les papes de la Renaissance ont fait à Rome ? Avec ce que pratiquent aujourd'hui les fidèles de banlieue ? La découverte des ruptures — des surprises — montre, de la façon la plus claire qui soit, la puissance de l'instinct humain à se former en communautés et qui est implicite dans notre aptitude à voir et à déceler les continuités au fil du temps. L'idée du christianisme est clairement fonctionnelle et puissante, peu importe ce qu'en pensent les étudiants ; mais en quoi consiste-t-elle ?

De même, émergeant de l'extrême Europe et d'un lointain Moyen Âge, que peut-on penser de l'histoire de Mathias Hunyadi, dit Corvin ? Roi de Hongrie (mort en 1490), Mathias Corvin était indubitablement un héros de la lignée des princes de la Renaissance. Couronné de gloire au combat, architecte d'une Hongrie unie et indépendante, il était également un des mécènes littéraires les plus remarquables. Pourvue d'une extraordinaire collection de manuscrits enluminés, sa bibliothèque est considérée comme la merveille de l'Europe. Dispersés aujourd'hui aux quatre coins de la terre, les livres du roi de Hongrie témoignent incontestablement du haut niveau artistique et culturel de sa cour.

Mais Mathias Corvin est tombé dans l'oubli. Il n'a pas eu de chance avec ses successeurs, et ceux-ci n'ont pas eu de chance dans leur monde. De son vivant, Corvin pressentait déjà au sud-est la pression des Turcs ottomans ; après sa mort, les plaines du Danube sont devenues un champ de bataille pour le christianisme et l'Islam, au détriment durable de la Hongrie. Le territoire qu'il avait unifié a été redivisé pour se retrouver aux mains des Habsbourg de Vienne et des Turcs d'Istanbul, et la Hongrie n'est pas devenue la puissance dominante de l'Europe centrale à laquelle les contemporains de Corvin pouvaient raisonnablement s'attendre. De plus, Mathias Corvin s'avère difficile à étudier pour les Occidentaux ; il n'existe pas de livre sur lui en anglais, et les difficultés d'en écrire un sont décuplées par la variété des langues (ne seraient-ce que le latin, l'allemand, l'italien, le magyare, le serbo-croate et le turc) qu'il faudrait connaître pour vérifier les sources.

L'histoire de Mathias Corvin nous renseigne beaucoup sur la création de l'Europe et montre qu'on peut avoir été un grand prince de la Renaissance, mais ne pas figurer dans les manuels d'histoire, et demeurer ainsi ignoré de la postérité. Nous vantons les mérites d'autres princes de la Renaissance en oubliant que leur splendeur nous est parvenue grâce à leurs succès temporels et guerriers et à ceux de leurs descendants. Nous oublions que les récits linéaires relatant les succès un à la suite de l'autre servent mal à nous rappeler les risques et la diversité de l'expérience humaine. Ce fait étonnant enrichit notre sens de l'histoire tout en nous faisant prendre conscience de ses limites.

Il semble que nous nous soyons éloignés de Kipling et Housman en nous attardant à la place de l'enseignement des classiques dans certaines sociétés occidentales. Mais cette digression est délibérée et nécessaire. Nos institutions éducatives incarnent nos images les plus prétentieuses de nous-mêmes. Lorsque nous les utilisons pour enseigner un contenu afin de transmettre des idées, je crains que nous ne rendions pas service aux étudiants. Nous les habituons aux mythes de la tribu, et peut-être leur transmettons-nous certaines aptitudes secondaires, mais nous sollicitons peu leur intellect. L'étude des classiques grecs et latins et de la civilisation occidentale dans laquelle elles jouent le rôle principal est indéniablement utile, sauf si elle se borne à former des étudiants qui connaissent « les rois d'Angleterre et qui puissent citer les batailles historiques, de Marathon à Waterloo par catégories »[11], comme le Major-général dans les *Pirates of Penzance*. Elle est utile si elle fournit un cadre de référence reconnaissable et en même temps étranger et « défamiliarisant », à partir duquel nous pouvons observer le présent. Il n'y a éducation que lorsque cette expérience crée une étincelle, qu'elle montre à l'étudiant l'inattendu et qu'elle les stimule. L'éducation doit apprendre à *voir* les ressemblances par rapport aux différences du passé, reconnaître l'altérité, même dans ce qui est familier, ce que Simone Weil décrit si bien dans son essai sur « l'attention » dans les études scolaires. Si nous amenons les étudiants à adopter cette approche, peu importe dans quelle matière, nous mettons en pratique les fondements même de l'éducation. Si nous y parvenons à l'aide des classiques grecs et latins, c'est que nous bénéficions d'une longue tradition à réussir superbement ce travail. Ne croyons pas que le succès nous soit acquis spontanément. Comme enseignants, nous ne sommes pas assurés d'avoir un avenir. Nous devons le mériter par notre aptitude à désorienter nos élèves, à les modifier et à leur inculquer un goût pour les dures disciplines que constituent les habiletés à *voir* et à *penser*.

---

11 « ... the kings of England and can quote the fights historical, from Marathon to Waterloo in order categorical. », *The Pirates of Penzance*, Gilbert and Sullivan (London, 1879).

Chapitre Six

AUGUSTIN AUJOURD'HUI : LES RÉCITS LINÉAIRES ET LES AVENUES MULTIPLES

Il existe une convention académique voulant que si vous avez passé des années de votre vie à étudier un sujet, vous soyez le critique tout indiqué de livres que vous n'étiez pas nécessairement censés lire. J'ai beaucoup écrit sur saint Augustin et on m'offre donc, et trop souvent j'accepte, de faire la critique de livres qui lui sont consacrés, même de livres s'adressant à un public considérablement moins familier que moi avec le sujet. On s'attend sans doute à ce que je sois capable de dire si le livre est bien construit en fonction des objectifs de l'auteur, mais cela suppose, et j'ai beaucoup tendance à l'oublier, qu'il y a bien des chances que je m'ennuie durant la lecture d'au moins une partie du livre. J'avais l'habitude de voir dans cet ennui la conséquence de ma propre importance et de mon intelligence en tant qu'érudit : si je n'en savais pas tant, je ne m'ennuierais pas à ce point. Aujourd'hui, je m'inquiète plutôt, et je m'interroge sur ce que ces livres signifient pour ceux qui ne sont pas au fait de l'histoire de saint Augustin.

Je m'acharne donc à tenter d'aller au-delà de la compétence sereine à laquelle j'aspire et que j'exige des autres dans tout ce qui traite de saint Augustin. Je veux voir plus clairement ce qu'Augustin est devenu aujourd'hui, pour me demander ensuite ce qu'il pourrait bien représenter. Bien que le mérite de cet exercice soit évident pour les érudits augustiniens, les rares d'entre nous qui avons ces compétences et cet intérêt sommes forcés de reconnaître que notre valeur (et la sienne) dans la société d'aujourd'hui ne doit pas être prise pour acquise ni être perçue comme fixe, stable et immuable. Une telle valeur est relative puisqu'elle dépend autant de nous, érudits, que de la source même.

Lorsqu'on scrute l'horizon culturel moderne pour y trouver la présence d'Augustin, on reçoit une variété de signaux. *I dreamed I saw St. Augustine* de Bob Dylan rend hommage au vieil hymne à Joe Hill (qui est aussi une ballade sur une sorte de résurrection) et Sting, dès 1993, a obtenu un certain succès avec *St. Augustine in Hell*, un pastiche d'impressions et d'échos (« Moins j'ai besoin, plus j'obtiens, Rends-moi chaste, mais pas tout de suite »[12] – la deuxième strophe ironise l'attitude d'Augustin alors qu'il était jeune, avant sa conversion.). Lorsque j'ai assisté à la Conférence annuelle sur saint Augustin à l'Université Villanova, il y a une dizaine d'années environ, je me suis retrouvé assis avec un groupe d'étudiants obligés par leur professeur d'y assister. Ils tentaient de se rappeler qui avait été Augustin ; le plus renseigné du groupe croyait qu'il était « le patron des criminels », parce qu'il avait « tout fait » quand il était jeune. Les étudiants ne semblaient pas se soucier de leur propre ignorance et je n'ai été que modérément soulagé lorsque quelques minutes plus tard, l'un d'entre eux a finalement eu l'idée de faire le lien entre le saint et l'Ordre de saint Augustin, prêtres fondateurs et directeurs de Villanova.

La réputation d'avoir été un libertin pendant sa jeunesse colle fermement à la peau d'Augustin. (En effet, au cours secondaire, cela m'a même poussé à acheter ma propre copie des *Confessions*, croyant qu'elles seraient pour moi à la fois une source de perfectionnement et d'excitation. Elles se sont révélées n'être ni l'une ni l'autre. Et si maintenant elles sont en quelque sorte devenues une source de perfectionnement personnel, elles n'ont jamais réussi à me titiller.) Cette réputation est liée à un autre aspect de la renommée d'Augustin, celui d'avoir été apparemment hostile à la sexualité humaine. Peu importent les faits sur ce sujet, il est voué par notre culture à jouer le rôle du jeune libertin transformé en un vieil oppresseur des sentiments sexuels humains. Voilà l'image irréductible, bien que trompeuse, qu'il véhicule aujourd'hui.

Certaines préoccupations modernes remontent à la surface à la seule mention de son nom. Certains lecteurs des *Confessions* sem-

---

[12] « The less I need the more I get / Make me chaste but not just yet. »

blent avoir trouvé des raisons de croire que ce livre jette un voile sur des pratiques que l'on pourrait aujourd'hui considérer comme homosexuelles. Leur argument aurait plus de force s'ils pouvaient se mettre d'accord sur le passage du texte qui leur aurait suggéré cette hypothèse. Entre-temps, la passion avec laquelle certains cherchent à imposer cette idée ou à la détruire est édifiante.

Une même intensité de sentiment dans un autre domaine nous en dit bien plus long sur nous-mêmes que sur Augustin. Son origine africaine pousse certains à penser, et d'autres à affirmer, qu'il était « noir ». La preuve est richement ambiguë. Dans le monde méditerranéen ancien, pour décrire les autres couleurs de peau, on utilisait un registre qui jouait entre basané et bronzé, avec un dédain marqué pour les lacunes intellectuelles et les rudes prouesses physiques des nordiques blonds au teint clair, qu'on connaissait plus que les habitants à la peau plus foncée de l'Afrique centrale. Augustin savait qu'il existait des Africains à la peau plus foncée, mais ses allusions à ceux-ci ne nous en dit guère sur sa propre couleur, son ethnicité ou sur d'autres caractéristiques du même genre. Les lectures et les lecteurs d'Augustin qui abordent ces questions utilisent sans doute légitimement celui-ci pour en apprendre plus sur eux-mêmes et sur les préoccupations (sexuelles et ethniques, par exemple) de notre époque, mais les leçons du passé les plus précieuses sont celles que nous ne cherchons pas et auxquelles nous nous attendons le moins.

Le seul cas où la *doctrine* d'Augustin est sans cesse invoquée comme si elle faisait autorité en la matière est celui du bellicisme. Chaque fois que les troupes américaines sont envoyées au combat, on est en droit de s'attendre à ce que les marges de la revue *Time* soient ornées d'une miniature de saint Augustin par un grand maître classique, accompagnée d'un abrégé de sa doctrine sur la « juste guerre ». On l'a vu lorsque George Bush père a invoqué avec ferveur l'autorité d'Augustin pour justifier la Guerre du Golfe (bien qu'à cause d'un manque de connaissance, il l'ait rebaptisé « Saint Ambroise Augustin »).

On pourrait parfaitement débattre ailleurs la question de savoir jusqu'à quel point les doctrines attribuées à Augustin dans de telles circonstances le représentent avec justesse ; mais pour l'instant, l'important est la façon dont nous rendons à l'ancêtre culturel sa valeur spécifique et sa puissance lorsque nous lui trouvons une application courante, alors que dans beaucoup d'autres domaines cette même autorité est tout simplement rejetée, négligée ou ignorée.

Les Augustin dont le monde moderne se rappelle ne ressemblent guère à l'Augustin des encyclopédies, ni à l'Augustin des livres que je révise. Il existe un personnage solennel d'une grande puissance intellectuelle, un homme de paroles et de débats, défini par ses doctrines. La série *Great Books of the Western World* lui dédie un livre complet, puis fait un bond de huit siècles avant de trouver un auteur du même calibre, saint Thomas d'Aquin. Aucune histoire de la pensée occidentale ne peut être complète sans lui. Augustin est à la fois chrétien et platonicien, deux étiquettes qui cachent bien plus de différence (on pourrait en débattre) que de similitude. (Peu importe que ces étiquettes aient perdu le sens qu'elles avaient et que le platonisme en particulier soit pour ainsi dire périmé. C'est comme ça qu'Augustin est, et si sa présence semble un peu moins essentielle qu'elle ne l'a déjà été, c'est peut-être un signe que les étiquettes d'une autre génération sont périmées.)

Si on s'éloigne un peu des manuels sombres et des histoires, l'image d'Augustin commence à changer. La doctrine n'est pas toujours l'homme : la vie est l'homme. Augustin, l'homme, est présent bien sûr dans les *Confessions*, mais aujourd'hui, nous recourons à son texte pour le psychanalyser. Ce n'est guère l'endroit pour évaluer la validité des méthodes utilisées. Attardons-nous toutefois au fait que nous trouvions important que la vie de cet homme, ayant vécu dans une contrée isolée loin des centres du pouvoir et qui est mort depuis longtemps, puisse et doive être soumise à un tel examen.

Considérons, par exemple, la courbe descendante des années 1930 jusqu'aux années 1990, d'une vulgarisation de la biographie de saint Augustin par Rebecca West jusqu'à *Adam, Ève et le serpent* de

Elaine Pagels, en passant par plusieurs études de Margaret Miles, doyenne de théologie à Berkeley, qui écrivait récemment *Desire and Delight*. On peut y déceler une continuité dans leur perception commune d'Augustin en tant que personnage de père, ressemblant lui-même à son père, irascible, brutal sinon en geste, du moins en parole, marqué par un autoritarisme quasi frénétique. Sous cet aspect, il importe peu que la cruauté se trouve dans l'auteur ou dans les scénarios de châtiment et d'enfer qu'il présente. Les effets sont les mêmes. Cet Augustin brutal et dominateur est une découverte moderne, et quoi que l'on pense de son rôle dans l'histoire de la pensée occidentale, cet Augustin n'est pas ce qu'il a été. Il est plutôt resté ce qu'il était, même si, par la suite, la culture se soit mise en contact avec ses propres sentiments et se soit adoucie. Le caractère poignant de ce jugement qu'on tente de poser sur lui est qu'il condamne un rôle qu'il a lui-même choisi et qu'il a joué en partie parce que c'était un rôle nécessaire dans sa culture pour quiconque voulait s'affirmer dans sa classe sociale.

Existe-t-il un remède pour nous guérir de notre tendance à juger le passé en fonction des valeurs du présent ? Il faudrait pour cela pouvoir remonter aux sources. Si nous le faisions pour Augustin, nous serions rebutés par cinq millions de mots lui ayant survécu, pas tous traduits en anglais, et dont un nombre limité seulement nous est facilement accessible où que nous soyons. La solution la plus naturelle et la plus courante dans le monde anglophone est de se replier encore sur la vie de l'auteur, de puiser directement dans les *Confessions* ou de recourir aux études modernes les plus notoires.

Mais pour quelqu'un qui a étudié les *Confessions* aussi intensément que je l'ai fait, scruter la façon dont les *Confessions* sont perçues, c'est voir encore de la sélectivité et de la partialité. Le vol d'une poire, l'instant de sa conversion dans le jardin, les relations d'Augustin avec sa mère jusqu'au moment de sa vision mystique à Ostie — voilà la structure des *Confessions* que mes étudiants, amis et collègues ont lues.

Les derniers livres, avec leur exégèse détaillée, pour ne pas dire obsessive, du premier chapitre de la Genèse, y ont été presque complètement ignorés. (Dans certaines traductions modernes plus anciennes, elles ont été simplement omises parce que jugées sans intérêt.) D'une certaine manière, ces quelques épisodes s'articulent assez fidèlement à l'armature du récit, mais il en résulte un livre expurgé de tout le talent artistique et de l'effort de l'auteur. C'est là presque une vérité presque universelle : les livres les plus puissants parviennent à demeurer dans la mémoire culturelle seulement par fragments, partiellement. Nous n'avons qu'à penser au peu que nous avons retenu de *Hamlet* ou de *Huckleberry Finn*. L'art fait son œuvre, mais nous ne nous souvenons que des traits les plus prononcés — c'est-à-dire d'une caricature.

Donc, qui est cet Augustin dans le souvenir que nous gardons des *Confessions* en tant que caricature ? Nous croyons nous remémorer le jeune Augustin avec le romantisme et la religiosité de nos tendances. Ce qui demeure invisible pour nous, c'est l'influence formatrice de l'Augustin d'âge moyen, l'évêque d'une ville provinciale qui devait jongler avec son horaire lorsqu'il écrivait sa version du jeune Augustin que nous connaissons comme celui des *Confessions*. Une question sur laquelle nous devrions nous attarder, plus longuement que nous ne le ferions habituellement, est celle de savoir jusqu'à quel point et combien profondément Augustin a été « converti ». Nous devrions nous garder d'être trop fascinés par le récit du prêtre d'âge moyen et de sa trop transparente et facile histoire de chute et d'ascension, de péché et de rédemption. Nous croyons connaître l'histoire d'Augustin, alors que nous connaissons l'histoire qu'Augustin a bien voulu raconter.

En principe, les ambiguïtés dans toute présentation de soi-même ou d'un autre sont connues, et plusieurs même les apprécient. Les critiques littéraires, de Kenneth Burke à Eugene Vance à Jacques Derrida, ont trouvé dans ce texte un tissu d'images, d'idées et de talent artistique capables de captiver la plus postmoderne des imaginations. L'incapacité du mot à contrôler la réalité, la férocité des combats au cours desquels un artiste comme Augustin utilise le mot pour atteindre un semblant de ce contrôle, et l'échec ultime de ces combats — voilà tous des thèmes modernes qui ressortent du texte d'Augustin. Plus récemment, Derrida, ayant lui-même grandi sur la *rue Saint Augustin* à Alger, réfléchissait à sa propre vie, dont le point culminant fut la mort d'un mère dominatrice, dans une œuvre qu'il nommait *Circonfessions* en faisant une double allusion à la prière liminaire d'Augustin, *Circoncis mes lèvres* (*Confessions* XI.II.3), et aux *Confessions* elles-mêmes. Mais bien que nous intégrions dans nos vies les mots des théoriciens poststructuralistes et postmodernes, nous les nions si on nous presse, les ignorons quand nous le pouvons, et l'Augustin qui devrait émerger d'une application valable des raisonnements que nous venons d'aligner a peu de chance de détrôner l'Augustin que nous avons déjà créé à partir de ses *Confessions.*

À notre époque, peu de lecteurs sérieux s'en sont tenus aux *Confessions,* sans toutefois lire le reste des cinq millions de mots des œuvres de saint Augustin qui nous sont parvenues, pour se faire une idée plus fidèle des réalisations de ce dernier. Au contraire, depuis 1967, parmi les œuvres dignes de mention, la biographie lumineuse et fluide écrite par Peter Brown devrait être lue sans délai par quiconque s'intéresse à saint Augustin, ne serait-ce que pour se joindre à la communauté de ceux qui l'ont lue. Mais en la lisant, personne ne devrait se garder de penser aux implications de cette lecture.

Tout d'abord, l'acte canonisant qu'est aujourd'hui la biographie dans son sens critique moderne a longtemps tardé à être conféré à Augustin. Jusqu'en 1963, le meilleur livre dans cette veine était *St. Augustine, His Life and Controversies* de Gerald Bonner. Le titre révèle deux préoccupations : Augustin vu comme saint et Augustin perçu comme guerrier dans une controverse ecclésiastique. Le livre de Bonner est encore en librairie et toujours très utile, mais c'est le livre de Brown que le public s'est arraché. On pourrait simplement attribuer ce succès au talent et à la prose de l'auteur, mais on doit l'imputer davantage, à mon avis, aux normes de la biographie telle que pratiquée aujourd'hui et à l'habile adaptation par l'auteur des propres inclinaisons autobiographiques d'Augustin pour en arriver à ce résultat.

Comme une biographie moderne à succès, le livre de Brown est implicitement psychologique à chaque page, usant de catégories nettement campées dans la tradition postfreudienne, mais de façon tout aussi importante, il nie s'engager dans la psychanalyse. L'auteur évite ainsi l'étiquette de psychobiographie, mais il usurpe la plupart des bénéfices d'une telle approche. De plus, puisque les *Confessions* d'Augustin fournissent déjà une armature au récit de sa vie jusqu'à l'âge de trente-trois ans, durant la première moitié du livre. Brown dirige le lecteur plein de bonne volonté sur un terrain familier (facilement vérifiable, à tout le moins), où l'érudition enrichit l'histoire sans toutefois la changer fondamentalement (ceci est intéressant et important) en aucun point. Lorsque le récit de Brown laisse derrière lui les *Confessions*, il a la complicité du lecteur et défile à toute vapeur.

Une des prétentions de la biographie en tant que genre est qu'elle réduit une vie entière et toute sa complexité à une simple ligne narrative. Cette prétention élide toutefois un fait profondément ancré dans la paternité littéraire : chaque auteur d'une biographie peut écrire ses propres confessions (« comment je suis arrivé là où je suis ») et nul auteur de biographie ne peut écrire toute une autobiographie par expérience — simplement parce que cet auteur ne peut écrire d'outre-tombe. Les biographies perdent donc rapidement leur éclat vers la fin. Le « soi » romantique que l'on y imagine et y décrit peut se retracer à travers la jeunesse et la maturité, mais pas au-delà.

Une telle biographie devient notoirement peu flatteuse et même désorientée lorsque son sujet vieillit. L'imagination romantique a réussi à bien illustrer les modèles normatifs du développement de la jeunesse, mais elle échoue lorsqu'elle doit se transposer plus loin, à travers les aléas de l'âge moyen et de la vieillesse. Personne ne vieillit bien dans les biographies : Augustin dans le livre de Brown n'y fait pas exception. Depuis, l'Augustin plus âgé de Brown est devenu un cliché de l'érudition : à mesure qu'il vieillissait, il devenait sombre et irascible, hostile à la liberté humaine, imperméable à la discussion et à la persuasion et profondément méfiant envers toute manifestation humaine de sexualité. Cet Augustin âgé et austère explique avec désinvolture les pratiques de certaines branches ascétiques du christianisme, et il est donc devenu – au même titre que le livre de Brown – un élément du paysage. Il semble que toutes les biographies d'Augustin prennent pour acquis que celui-ci soit devenu ce qu'on avait imaginé : un vieux prêtre lançant des imprécations contre la jeunesse, la vigueur et les sentiments.

Blâmer cette pratique équivaut à la mettre en doute sans la remplacer, et il est important de réaliser que, dans sa facture traditionnelle, l'érudition ne peut pas la remplacer. Les conclusions sont implicites dans la pratique biographique, voire historiques ; elles le sont aussi dans la notion voulant que l'érudition soit une pratique individualiste, validée par la publication, mais finalement à la merci de l'érudit travaillant en solitaire. En théorie, nous croyons à la collaboration et au travail interdisciplinaire, mais dans la pratique, nous acceptons encore avec grand plaisir les réalisations du virtuose solitaire. Et cette habitude nous conditionne aussi à ne considérer que la simple ligne narrative, tout en la sachant absurde.

Or, considérons la vie de n'importe quel contemporain célèbre ou obscur. Jusqu'à quel point est-il possible d'arriver à un consensus sur une unique ligne narrative pour reconstruire une telle vie ? Devrions-nous nous rappeler que nos amis et nos ennemis ne sont jamais d'accord à notre sujet, et avec raison ? Mais nous résistons à ces observations à cause d'idées essentialistes : nous devons être *quelque chose*, une seule chose, et en principe nous voulons croire que l'érudition, la psychologie ou les investigations sont capables de nous conduire à une telle unité.

Nous avons peu de chances d'y parvenir. Les gens sont trop inconstants dans leurs relations pour qu'on les réduise en une seule gestalt, et la biographie est trop linéaire pour leur rendre justice. Ce que j'avance, c'est que dans les études augustiniennes, mais dans les autres également, les traditions de l'érudition affirment que nous pouvons trouver une vérité unique et nous conditionnent à ignorer notre expérience viscérale que la vérité unique se trouve toujours masquée par des perspectives et des arguments multiples.

Lorsque toutes les conditions du discours savant sont sur le point d'être bouleversées par les transformations des technologies électroniques, c'est l'occasion ou jamais de reconsidérer ce que nous, les érudits, cherchons à accomplir, les moyens que nous prenons pour y parvenir et ce que nous croyons raisonnablement être en mesure d'accomplir. Ce qui suit donne une idée de l'utilisation que nous pouvons faire d'Augustin, et, conséquemment, de ce que nous pouvons attendre de l'érudition humaniste à l'âge électronique.

La diversité est la réalité centrale de notre avenir. La monographie à structure linéaire de l'auteur unique survivra encore un temps, mais elle deviendra très rapidement en fait ce qu'elle est en principe : l'élément d'un tout plus grand. La publication en ligne de monographies facilitera une multiplication des approches et des interactions comparatives. Tout comme les tables canoniques d'Eusèbe ont amorcé le processus de restructuration des quatre Évangiles en une seule banque de données, l'Augustin « en ligne » propulsera le rayon de bibliothèque à une autre dimension en le rendant interactif par la juxtaposition et la comparaison plus faciles et plus naturelles avec d'autres textes.

Ensuite, les documentations primaires et secondaires interagiront plus puissamment qu'avant, car en ligne elles apparaîtront côte à côte. Les discussions savantes citeront l'original en le pointant directement et laisseront le lecteur explorer non seulement les quelques mots ou paragraphes les plus pertinents, mais le contexte original également. Inversement, les textes acquerront les commentaires structurés non plus d'une seule personne, mais du travail organisé de plusieurs. En ligne, un passage controversé des *Confessions* pourra directement être lié à des articles ou des traités multiples et des liens intermédiaires pourront aussi organiser et disposer l'ensemble de la documentation secondaire. L' « édition variorum » est un phénomène de l'imprimerie qui n'a jamais connu une grande popularité. Il en sera peut-être bientôt autrement puisqu'il est désormais possible de lier directement les textes à un éventail de discussions spécialisées.

Cela ne veut pas dire que le travail des lecteurs deviendra plus facile. J'irais même jusqu'à prédire qu'il semblera écrasant pour plusieurs d'entre eux. Le plus grand risque sera que les fournisseurs de liens intermédiaires trouveront de nouvelles façons sournoises et alléchantes de prospérer et de séduire. Lorsque nous nagerons dans une mer d'informations qui nous forcera à penser et à juger par nous-mêmes, soyons assurés qu'il s'y trouvera un vendeur à portée de la main pour nous proposer un soulagement facile. On fera face à une lutte serrée pour le contrôle de la vie de l'esprit dans le cyberespace. La sociologie et l'économie participeront ensuite à cette lutte en nous aidant à évaluer combien de temps et d'efforts vaut Augustin et combien d'années seront nécessaires pour pouvoir utiliser efficacement de telles ressources. Le changement d'une économie de la rareté à une économie de l'abondance devient douloureusement pertinent et menace de changer de façon spectaculaire notre façon d'agir.

Néanmoins la migration de l'information vers le cyberespace ne se déroulera pas selon un plan détaillé et prévisible. Dans l'environnement connu de la publication et de la communication, le prestige et l'influence d'idées et d'écoles spécifiques peuvent être gérés assez facilement. Dans un nouvel environnement, ceux qui parviendront les premiers à contrôler l'information pourront définir cet espace. Les opinions reçues ou établies n'ont aucun avantage particulier. Il pourra même y avoir une corrélation négative entre le prestige et la rapidité. Les idées intellectuelles les mieux établies n'en ressentiront pas le besoin de manière aussi pressante, mais l'innovation, le saugrenu et le tape-à-l'œil seront les premiers à permettre au non conventionnel de tirer parti rapidement de ce nouvel environnement.

Le vétéran augustinien observe alors le cyberespace et commence inévitablement à penser à une nouvelle façon d'organiser Augustin. Ici, les vieilles catégories de la théologie dogmatique et de la biographie conventionnelle n'en imposent plus. Supposons que nous reprenions du début. Au lieu d'un récit linéaire, si nous cherchions des liens et des avenues multiples ?

Une voie permet de suivre le programme intellectuel d'Augustin tout au long de sa carrière. Dans une de ses premières œuvres, il déclare que les seules choses qu'il veuille connaître sont « Dieu et l'âme, rien d'autre. » Dans le monde de l'imprimé, il est possible de s'imaginer une monographie, peut-être une lourde thèse en français qui entreprendrait ce programme et le poursuivrait à travers toutes les œuvres de saint Augustin, en ne les explorant qu'en fonction de ces deux seuls thèmes. Il s'agirait d'une biographie dont le sujet dicte la route à suivre. La critique naturelle et justifiée d'un tel exercice serait qu'il pourrait difficilement soutenir la proposition voulant qu'il soit une façon privilégiée de lire Augustin. On mettrait l'auteur au défi de démontrer que cette préoccupation pour Dieu et l'âme était réelle et déterminante tout au long de la carrière d'Augustin.

Mais le cyberespace est un lieu où même le « sérieux » peut s'engager dans le jeu, et ce, même sans être pénalisé. S'il existe en ligne une banque de données assez complète, il devient possible de lier, timidement, un morceau à la fois, une ligne d'interprétation qui soit délibérément présentée en tant qu'expérience. Cette expérience peut d'abord être « publiée » dès son début en encourageant l'apport de commentaires et elle peut s'accroître et grandir publiquement. S'il ne fait pas lui-même la preuve de sa valeur, le projet tombe à plat ou change de direction ; s'il reçoit de l'encouragement, il se poursuit. Cette nouvelle méthode diffère beaucoup de la pratique actuelle qui consiste à présenter publiquement des articles pour recueillir des commentaires dans le cadre d'un projet plus grand, mais elle peut rejoindre un public plus vaste à un stade plus préliminaire du travail. Le projet est présenté à un public qui peut immédiatement se débattre avec le texte et tester, améliorer, raffiner ou critiquer ce qui a été commencé. Au lieu d'une publication suggérant implicitement : « Et si c'était comme ceci ? », ce nouveau type de publication devient une forme de colloque continu où le rendement est interactif, dialogique et auto-correcteur.

Un Augustin « en ligne » crée un espace appartenant plus étroitement à Augustin, facilitant davantage la navigation que ne le peut aucune archive imprimée et favorisant des questions systématiques et détaillées produisant des résultats sur toute la portée d'une œuvre monumentale. Il est raisonnable d'espérer que l'isolement des éléments platoniques ou de tout autre élément, comme des isotopes radioactifs, apparaîtra de moins en moins comme le cours sensé de l'action intellectuelle et nous serons plutôt mis au défi d'examiner la teneur et le contexte des écrits d'Augustin. Il sera moins possible de prendre à part une ligne unique de pensée. Les investigations connectives et assimilatrices enrichiront la ressource commune ainsi que notre sens des responsabilités. Les résultats résisteront mieux aux distorsions parce qu'ils seront encore situés dans l'espace d'Augustin au lieu d'en être arrachés pour être placés dans un autre espace.

En même temps, le non spécialiste a lui aussi son mot à dire. C'est un truisme de plusieurs champs d'étude que celui voulant que les catégories actuelles aient un effet d'œillères. Nous chantons tous les louanges des études interdisciplinaires et sommes frustrés lorsque nous ne pouvons pas les mettre plus efficacement en pratique. Si les historiens sociaux, par exemple, ont de la difficulté à pénétrer sur le territoire d'Augustin, c'est qu'ils sont entravés par une variété de forces, entre autres la séquestration de ses livres dans les catégories disciplinaires traditionnelles. À mon université, des copies des livres d'Augustin en latin peuvent se trouver loin des séminaires sur l'histoire ancienne ou de la collection de référence, sans qu'il soit nécessaire de changer d'édifice pour les consulter.

Cette façon de faire renforce le culte de la personnalité. Étudier Augustin signifie étudier « Augustin ». Nous avons été historiquement incapables de le voir, lui et ses textes, sans sa réputation et en dehors de son contexte — c'est-à-dire sans le contexte que les modernes ont choisi de lui donner. Ici, l'effet désorientant du déplacement vers le cyberespace engendre un effet positif fort. Gilbert Chesterton disait qu'il aurait voulu écrire au sujet d'un homme s'embarquant pour voguer loin de l'Angleterre pour finalement accoster à une terre étrangère où il aurait de merveilleuses aventures jusqu'à ce qu'il découvre qu'à cause d'une bizarrerie de navigation, cette terre étrange est en fait l'Angleterre — l'étrangeté et l'émerveillement devenaient possibles du fait qu'il ignorait où il se trouvait. L'érudition traditionnelle offre peu d'occasions semblables. Le caractère heuristique de la vie dans le cyberespace et la facilité avec laquelle de multiples voies peuvent être générées nous permettent de créer facilement de telles occasions et de céder à la tentation de s'adonner au jeu excitant de la manipulation des témoignages du passé par tous les moyens imaginables.

L'Augustin que nous pouvons reconstituer par la navigation dans le cyberespace est l'Augustin ordinaire, l'Augustin considéré comme une célébrité mineure de son temps, mais surtout l'évêque, le juge et le sublime orateur de sa communauté. Un jour mémorable de 418, Augustin s'est rendu à une ville voisine et est parvenu à freiner une émeute par sa seule éloquence. Lorsque je m'attarde trop au fait que ce soit « Augustin » qui ait accompli cet exploit, je ne suis pas surpris. Il est certain qu'Augustin était un personnage fort, mais arrêter une émeute par la parole est une prouesse peu commune et loin d'être évidente[13].

Quand nous commençons à penser en termes d'avenues multiples, nous découvrons le défi fondamental que le cyberspace lancera au monde dans lequel nous avons choisi de vivre. Richard Lanham (professeur de littérature de la Renaissance devenu cyberthéoricien) parle avec éloquence de l'austérité du décorum que les textes imprimés ont atteint et du revirement que cela signifie par rapport à l'efflorescence de l'image et à l'enluminure des livres de la fin du Moyen Âge. Cela représente certainement une caractéristique importante attribuée au

[13] « Voir ce qui est devenu évident comme quelque chose qui ne l'était pas au départ est le travail de toute réflexion historique » (Hans Blumenberg. - *La légitimité des temps modernes.* - Cambridge, Mass. : 1983, p. 594.)

grand âge du livre imprimé de masse (j'évoque ici le rayonnement qu'il a connu à partir du XIXe siècle) sur le décorum de la vie publique qui fut magnifiée à chaque étape de son évolution. Notre sérieuse tenue vestimentaire publique était sombre et modeste, notre conduite publique raide et tranquille, et la division entre le temps et les lieux réservés au travail et au jeu, extrêmement rigide.

En regard d'une telle affirmation, le lecteur contemporain est porté à constater que l'hégémonie du solennel se désagrège. Cela nous rend parfois inquiets que nos écoles primaires et secondaires ne soient pas aussi guindées et inconfortables qu'avant et nous rêvons d'un peu plus de discipline, mais personne n'oserait sérieusement revenir au décorum d'il y a deux générations. Rappelons-nous ces vieux films décrivant les jours de gloire du baseball des années 1920. Babe Ruth frappa un coup de circuit et vingt mille hommes adultes portant complet foncé *et chapeau* bondissaient de leur siège pour l'acclamer. La scène nous semble ridicule. Observons une campagne présidentielle aujourd'hui et vous remarquerez que le décor est le même que celui d'un spectacle rock. Nous sommes passés à l'extrême opposé, et d'une certaine manière, cela semble sensé.

Mais la haute « dignification » de la civilisation occidentale peut-elle, dans son ensemble, sembler aussi ridicule ? Nous pouvons tout au moins reconsidérer une question habituellement abordée du seul point de vue de la dignité (comme dans la célèbre *Société des Mœurs* de Norbert Elias) : dans l'histoire de notre société, quelle place occupe la forme spécifique de contrôle social qui est implicite dans nos normes de décorum ? D'où proviennent ces normes ? À quel point les croyons-nous nécessaires ?

Cette question croise l'étude traditionnelle de la vie et de l'œuvre d'Augustin d'une façon surprenante. Car par une lecture traditionnelle du passé, un personnage aussi digne qu'Augustin nous semble presque naturel. Ce que nous avons jusqu'à maintenant été incapables d'incorporer à notre conscience est l'histoire de la « dignification » du christianisme. Une lecture conventionnelle pro- et anti-chrétienne du IVe siècle d'Augustin fait ressortir la croissance et la mise en valeur du pouvoir en termes similaires. Ce qui est surprenant à ce degré de parenté, c'est la caractéristique que chacun des camps dans de telles querelles partisanes prend pour acquise : la solennité de la religion. À certains points de vue, le processus était déjà commencé longtemps avant l'époque d'Augustin. Il va de soi qu'aucune religion, ayant commencé avec Jésus et sa bande de Juifs rebelles, ne pouvait se développer aussi hiératiquement que ne l'a fait le christianisme. Le christianisme était une religion « high tech » à la fin de l'Antiquité, utilisant de manière ingénieuse l'écrit pour se créer et se façonner.

Mais il y avait aussi dans ce pouvoir un piège auquel ne pouvait échapper le christianisme. La religion que nous connaissons a matériellement été façonnée dans ce IVe siècle lorsqu'elle est officiellement devenue la religion du monde romain. Au cours de cette période, on voit le christianisme opter de manière décisive pour le décorum textuel de la littérature romaine et les évêques chrétiens prendre le pouvoir avec les avantages et les comportements liés au statut de la fonction publique romaine. La rencontre de la Rome publique et de la Rome textuelle, dans la création de la bibliothèque virtuelle chrétienne, a engendré un christianisme défini par la publicité et la textualité ; en d'autres termes, par un processus de « dignification » qui deviendra éventuellement déterminant pour la société toute entière.

Un tel décorum peut à peine être maintenu plus longtemps dans la vie publique et privée. Le caractère ludique de l'environnement électronique nous force à aborder une question de notre passé que nous n'avons encore jamais bien réussi à percevoir, encore moins à approfondir. En choisissant Cicéron et Ambroise comme modèles, Augustin a trouvé une façon de réconcilier la religion de sa mère avec la culture de son père, à changer la Bible en un autre texte officiel et même à changer le christianisme en une autre version de Rome (c'est une façon de lire sa *Cité de Dieu* qui n'est pas évidente, mais je pense qu'elle est importante).

Et derrière cette « dignification », nous découvrons un autre fait sur notre passé qui ressort à cette même époque. L'année où Augustin est devenu prêtre, en 391, à l'âge de trente-six ans, il a écrit un livre appelé *La Religion.* L'étudiant augustinien moderne aura lu ce livre et, s'il est comme moi, l'aura pris pour acquis. On ne peut nier qu'Augustin ait traité de la vraie religion — elle était sa raison d'être. Mais une lecture attentive du texte nous montre une innovation radicale, qui n'est pas d'Augustin mais qu'il exprime clairement. Il critique la religion romaine pour la distinction établie entre la pratique religieuse et la vérité. À ses yeux, les philosophes romains, qui spéculaient sur la nature divine en termes hautement abstraits, puis participaient aux activités du culte en d'autres termes, étaient des hypocrites. Pour Augustin, il est *devenu* évident que notre « pratique » de Dieu doit concorder avec ce que nous en disons et en pensons. La pratique du culte — lorsqu'elle est soumise au contrôle de textes — délaisse graduellement les festivals et la magie pour se conformer à une vérité plus profonde.

Il n'existe pas de langue occidentale dans laquelle le mot exprimant les concepts de « vérité » ou de « vrai » soit indigène ou évident. Sous une forme ou une autre, des mots comme « vrai » et « *true* » et « *wahr* » sont des mots sur la réalité des choses, non sur une « vérifiabilité » des propositions. Mais la pratique de l'écrit déplace graduellement le lieu de la vérité de l'individu vers la page. L'évaluation n'est plus désormais basée sur le sérieux de celui qui parle, mais sur une manipulation des mots sur une page. La vérité est indépendante de celui qui parle et donc externe à l'être humain. Elle devient objective et puissante. Nous sommes plus sceptiques aujourd'hui que ne l'étions il y a cent ans face aux manières dont les humains peuvent manipuler la vérité textuelle à leur avantage, et nous devons reconnaître que la vérité textuelle, par contre, a rendu possible la majeure partie de ce qui est distinct dans notre société. L'avancement de la science en tant qu'activité collaborative dépend de ce que cette vérité externe puisse faire l'objet d'inspection et de raffinement.

Mais nous devons considérer ces pratiques selon certaines perspectives. Tout d'abord, le décorum de ces pratiques textuelles, propagées partout et imprégnées dans tous les aspects de la société, impose effectivement un contrôle sous plusieurs formes là où on s'y attendrait le moins. Dans le premier volume de son *Histoire de la sexualité*,

Michel Foucault déclare, avec une ironie à froid, que l'instant décisif du contrôle de la sexualité a été la création, lors de la contre-Réforme, du « manuel du confesseur », sorte de guide rempli de détails sur la conduite prescrite et proscrite dans la chambre à coucher. Selon lui, cette publication représente le stade où même la chambre à coucher est devenue une réalité textuelle excluant toute spontanéité, et il donne à son propos une tournure virulente en déclarant que le manuel de sexualité du XXe siècle ne présente aucune différence essentielle, seulement un changement de polarité des valeurs. L'utilisateur d'un tel manuel, tout comme le prêtre réfère au manuel du confesseur, accepte le point de vue que ce qui entre dans la chambre à coucher peut et doit être déterminé par les prescriptions d'autorités extérieures. C'est là une différence radicale avec les pratiques médiévales bien différentes guidées (en théorie) par les mêmes préceptes moraux qui régnaient dans les églises de la post-Réforme et je m'y réfère à titre de modèle de la transition que je souligne ici.

La valeur de cette observation a une double dimension : d'une part, elle fait la lumière sur nos passés et donc sur notre présent ; d'autre part, elle nous met en garde contre l'avenir. Notre science-fiction est écrite en mode binaire. Ou nous continuerons avec une courbe accélérée de découvertes scientifiques et de progrès rationnels ou nous tomberons dans l'ignorance et la barbarie par manque de volonté. Ce qui maintenant semble se dessiner, c'est une troisième possibilité qui va dans une toute autre direction. Vu sous ce jour, l'avancement de la science sera dépassé par l'avancement du jeu. Une économie du divertissement remplacera l'économie de la subsistance et la progression de l'humanité se fera dans des directions que nos géniteurs du XIXe siècle verraient comme frivoles.

L'environnement électronique a le pouvoir de triompher sur la « dignification » : sommes-nous aptes à en supporter les résultats ? Nous ne devons pas les idéaliser comme étant la victoire d'une fraîche spontanéité humaine. Au mieux, ils risquent de n'être pas plus artificiels et fabriqués que ce qu'ils remplacent. Nous saurons au fur et à mesure que nous avançons si l'environnement électronique est apte à se suffire matériellement à lui-même et à transcender la préoccupation pour cette subsistance. Dans un monde où pour beaucoup de pays la survie est encore une question critique, l'avancement de certaines sociétés vers un autre type d'économie pourrait imposer un stress politique grave, engendrant des résultats perturbateurs et destructifs. Il n'y a pas de progrès linéaire dans l'histoire, mais il est impossible de freiner les progressions sur plusieurs fronts ou de les prédire. On peut se perdre en conjectures sur les caractéristiques de cet avenir, mais il est impossible de s'imaginer comment celles-ci vont interagir — et c'est donc cette incertitude qui nous dicte notre mission.

J'ai délibérément suggéré la fonction, la possibilité et l'impact du discours humaniste dans le temps présent. Je crois qu'on ne peut lire Augustin, ou d'autres maîtres à penser depuis longtemps disparus, sans une sensibilité des plus profondes aux réalités de notre temps et sans tous les liens de l'imagination et de la tradition nous reliant à notre passé. Par contre, il est enrichissant et tentant d'entreprendre une telle lecture à cause de la façon dont l'étude du passé implique si entièrement nos engagements et nos perspectives dans le présent. Laisser le passé « être le passé », sans le transformer en une allégorie de nous-mêmes, nous permet de mieux apprendre de lui ce que nous devons savoir aujourd'hui.

Chapitre Sept

LES NOUVEAUX ARTS LIBÉRAUX : L'ENSEIGNEMENT DANS LE MONDE POSTMODERNE

Chaque fois que je vais au zoo, je suis un peu excité et mal à l'aise jusqu'à ce que j'arrive à la section des tigres. Je dois m'assurer qu'il s'y trouve au moins un couple et qu'ils vont bien. Pour moi, les tigres représentent ce qu'il y a de mieux dans le règne animal : la beauté extraordinaire d'un mouvement fluide qui masque une force capable de me rompre le cou en un clin d'œil, avec un dédain consommé pour la domination de l'homme sur les autres espèces et en craignant pour sa propre extinction. Je suis bouleversé et ravi lorsque je vois les tigres, et je pars rassuré par la beauté et le danger du monde dans lequel nous vivons.

C'est dans ce même esprit que j'ai choisi la carrière d'érudit et d'enseignant. L'enseignement n'offre aucun refuge contre la réalité, il n'est pas non plus une sorte de « Disney World » de l'esprit où rien de vraiment dangereux n'arrive et où l'on sait que chacun s'amuse. L'école se présente parfois à l'imagination comme une sorte de parc thématique édulcoré, mais lorsque l'école devient université, prendre certains risques s'impose. Ignorer cette dimension constitue la cause première de nos soi-disant guerres de culture, où la gauche et la droite se disputent le mode de gestion de l'Université Disney World et le choix des pièces à y exposer. Les gens modérés et pratiques fuient devant un tel spectacle, exhortant leurs enfants à entreprendre des études de comptabilité ou de toute autre matière moins controversée ; il en résulte que les humanités sont souvent tenues en piètre estime.

Le fait n'est pas nouveau. Peut-être sommes-nous passés par là dès le moment où Nietzsche, ce jeune prodige qui enseignait les classiques grecs et latins, a commencé à rédiger les notes fragmentaires de ses *Unzeitgemäße Betrachtungen* (Considérations intempestives) qui nous sont parvenues en tant que « Wir Philologen » (Nous Philologues ou, en moins discordant, Nous Érudits). Dans ces notes, Nietzsche fustige la banalisation du charisme de l'érudition à son époque en déclarant que les techniques de l'humanisme avaient évolué en tant qu'armes de rébellion au service de la liberté humaine, mais qu'elles étaient désormais devenues les outils pédants de professeurs bourgeois bien nantis voulant préserver un ordre social et culturel.

Nietzsche n'a jamais achevé cette réflexion et au cours des années suivant son professorat, il a continué de s'intéresser aux Grecs célèbres dans son propre Disney World, travail dont l'aboutissement se trouve dans les chapitres de son autobiographie *Ecce Homo* : « Pourquoi je suis si sage » et « Pourquoi j'écris de si bons livres ». Dans son cas, l'échec des arts traditionnels l'a mené à un cul-de-sac personnel.

D'une étrange façon, Nietzsche a rejoué en partie, d'une manière personnelle, un drame qui s'était déroulé quinze siècles auparavant. Vers l'an 400, un autre jeune professeur des classiques, au début de la trentaine, a lui aussi largué sa carrière qu'il considérait comme un simple « colportage de mots » et a lutté pour proposer un nouveau modèle culturel. Au bout de presque dix ans, Augustin, lui aussi, n'avait réussi à formuler qu'une exposition trop théorique, fragmentaire et incomplète de ce qu'il cherchait à réaliser (un manuel à l'usage des enseignants) et avait abandonné ce projet pour s'intéresser à lui-même. Ce faisant, Augustin a découvert en tournant la loupe sur lui-même qu'il était un être opaque à l'autoanalyse et intelligible seulement *sub specie æternitatis*. Après avoir rédigé ses *Confessions*, Augustin s'est mis à produire un déluge de textes dont le pouvoir repose en grande partie sur son équilibre de virtuose entre l'autorité et l'humilité.

Ce n'est pas par hasard que le meilleur parallèle (comparandum) à la révolte de Nietzsche contre le système d'éducation provienne de la Méditerranée antique. La notion totémique des arts libéraux que nous avons créée dans nos institutions modernes a réellement pris forme aux IVe et Ve siècles, comme un amalgame d'anciennes pratiques scolaires et de nouvelles idées philosophiques. Augustin, l'héritier et le réformateur de cette tradition des arts libéraux, y est pour beaucoup.

On peut sans doute attribuer l'idée d'un cycle cohérent des arts libéraux à l'esprit universel de l'érudit romain Varron au Ier siècle, mais nous n'en savons pas assez sur sa pensée et ses pratiques et nous sommes divisés aujourd'hui à savoir s'il offrait quelque chose d'uniquement pragmatique (c'est l'opinion de la majorité) ou quelque chose de plus aventureux au plan idéologique (c'est l'opinion de la minorité, que je partage). Mais au IVe siècle, on voit déjà s'amorcer une première approche idéologique, et du IVe au VIe siècle, les doctrines et les pratiques qui s'y rattachent commencent à prendre forme chez les Africains Augustin et Martianus Capella et les Italiens Boèce et Cassiodore.

Dans un tel monde, les arts libéraux n'étaient pas conçus en fonction d'une mise en pratique quotidienne et continue ni dans le but de former de bons citoyens. Leur objectif était philosophique, voire mystique. Le monde des apparences et de l'être matériel étant plein de distractions et de confusion, mais les arts libéraux, qui offraient une maîtrise de la langue et des nombres, devaient libérer l'esprit des charmes de ce monde et l'élever en lui faisant gravir les échelons jusqu'au monde supérieur. Les divers arts libéraux menaient tous au même but : en termes néo-platoniques, « Lui » ; en termes chrétiens, « Dieu » ; dans les deux cas, une unité métaphysique fondamentale qui anime toutes choses.

Cette croyance en une totalité unifiée explique une chose étrange bien qu'évidente à propos de nos universités actuelles, c'est-à-dire leur ignorance insouciante des règles de l'économie d'échelle. La grande université (pour ne rien dire des universités moins importantes et des petits collèges) insiste encore pour se diversifier sur une vaste gamme de disciplines, offrant des cours sur tout, de la biologie à l'art médiéval, peu importe le nombre d'étudiants ayant l'intention de les suivre. Et malgré cela, les institutions qui continuent à offrir toutes ces disciplines ne sont plus tout à fait des universités. (Clark Kerr les appelle les « multiversités », expression tout à fait appropriée même si elle n'est pas acceptée dans la langue usuelle). Lorsqu'on réussit à ajuster le programme principal à l'établissement, on déplore malgré tout qu'il n'y ait pas de relation organique entre les différentes parties de l'université.

L'université ressemble plutôt à un centre d'achat, où des boutiques ayant plus ou moins de rapport entre elles ouvrent et ferment selon les caprices de la mode, et le travail de la direction est de s'assurer qu'il n'y ait pas trop de boutiques de chaussures (mais en nombre suffisant) et que chacune soit économiquement autosuffisante. Dans ce monde, les étudiants vont et viennent entre les différents cours et départements, sans qu'on leur demande de penser au tout, sans qu'on les mette au défi de trouver les pièces manquantes. Notre vision institutionnelle est un échec si, pour nos doyens et nos étudiants, les rapports entre les classiques et la sociologie ne sont pas évidents, ou s'il n'est clair pour personne ce que les arts libéraux peuvent procurer à un homme d'affaires voyageant en direction du Japon, sinon une marque de distinction, une distraction amusante et un sentiment de supériorité culturelle.

Lorsque nous pensons aux changements que l'avenir réserve à nos universités et que nous réfléchissons à la manière de nous y adapter, nous devrons réexaminer nos engagements. Si c'est un monument à l'erreur que nous cherchons, nous n'avons qu'à regarder autour de nous. Si les chemins de fer des années cinquante avaient su qu'ils oeuvraient dans le commerce du transport plutôt que dans celui du « chemin de fer », dit-on à la blague, plusieurs sociétés seraient encore en affaires. De même, si nous pensons que nous sommes dans le commerce des camps de jeunes ou des conférences de cinquante minutes, nous travaillerons peut-être encore (certains de nous, mais sans doute moins nombreux) dans ce même commerce dans quarante ans, alors que la peinture des murs sera écaillée, et que les salles de cours et les résidences universitaires seront des endroits bien plus silencieux et tranquilles.

Cette vision peut paraître d'un alarmisme extrême, car l'université moderne occupe une grande place au sein de notre économie. Mais on a constaté au cours des dernières générations que la richesse et le pouvoir seuls ne constituent pas un gage de succès. Des hectares d'aciéries fermées, dont les hauts-fourneaux ont jadis été les moteurs de notre économie, en témoignent. Nous avons beaucoup de chance que ce soit les universitaires qui aient développé l'informatique et les réseaux. Cela nous donne maintenant un avantage — technique, intellectuel, voire financier — que nous serions imprudents de laisser passer.

Les changements que cette technologie amènera soulèvent toutefois une foule de questions pour les universitaires. Quel rôle jouerons-nous sur l'autoroute de l'information ? Qu'advient-il de l'enseignement supérieur quand chaque étudiant est relié à un déluge de mots et d'images interconnectés de toutes les façons imaginables partout dans le monde, et quand les professeurs et les étudiants peuvent se rejoindre à toute heure du jour ou de la nuit ? Nous l'ignorons, mais nous commençons déjà à le savoir : nous réinventerons la pédagogie et l'université telles qu'on les connaît maintenant. La technologie fera ce qu'elle a toujours fait : fournir les outils. Ces outils parviendront peut-être un jour à façonner leurs usagers, mais ils seront toujours des instruments permettant à leurs utilisateurs de poursuivre leur but.

La plus profonde exploration des possibilités éducatives et savantes qui nous ait été présentée à ce jour nous vient sans doute du livre *The Electronic World* de Richard Lanham, paru en 1993. Dans ce livre, l'auteur s'inspire de sa carrière dans l'étude de la rhétorique intellectuelle en plus de ses nombreuses années pratiques à la tête du programme de composition anglaise d'une grande université. Il plaide de façon éblouissante en faveur du rôle central dans l'avenir électronique de la discipline même à laquelle il a dédié sa vie : la rhétorique. Les médias électroniques, nous dit-il, nous montrent comment utiliser de façon consciente nos aptitudes pour la communication au sein d'un environnement dans lequel le but n'est pas de trouver la vérité, mais de la créer collectivement. Il justifie sa déclaration en observant que la rhétorique est assurément une très ancienne discipline et qu'une continuité culturelle merveilleusement bienveillante émerge de sa réapparition.

Tout le monde ne partage pas son optimisme quant à la qualité du monde dans lequel nous vivons. Lanham se concentre sur la place — parfois excessive — qu'occupe le langage dans le monde au-delà de l'écran électronique. Un doyen ou une doyenne à la fois scientifique et humaniste d'une école polytechnique protesterait que de son point de vue, au milieu des tranchées universitaires, il y a une crise dans l'intérêt de nos collectivités pour les compétences quantitatives. Par quantitatives, il n'entendrait pas uniquement l'étude formelle des mathématiques, mais quelque chose de beaucoup plus vital pour une société en santé : l'aptitude à utiliser intelligemment les données dans le discours et le raisonnement ordinaires de la vie humaine.

Ce que Lanham propose, en outre, est familier : un programme rénové. Pas tout à fait un tronc commun, mais des techniques principales. On a l'impression, à le lire, qu'une université qui se soulèverait afin de concevoir une formation révolutionnaire accordant à la rhétorique une place centrale le ravirait. Tout en lui concédant son côté ironique et attachant, il ne serait pas moins inquiet parce qu'il a vu tellement d'élaborations de programmes durant sa vie. Un tel scénario exige que nous ayons une vision commune d'une sorte d'histoire sous-jacente que nous racontons à propos de nous-mêmes, même si c'est une histoire aussi rafraîchissante et séduisante que celle de Lanham. Mais de nos jours, nul métarécit n'a de chance raisonnable de se mériter l'adhésion universelle. Seules les sectes entretiennent des métarécits et la plupart privilégient les mythes extrêmes. Lanham n'est pas assez extrémiste pour avoir sa propre secte, mais sa conception est trop sectaire pour se réaliser comme il l'imagine.

Avec l'échec du métarécit, nous sommes forcés d'imaginer une façon de le remplacer. Pour commencer, nous devrons examiner clairement et franchement ce que sont nos universités, le travail que nous accomplissons et les changements que nous pouvons apporter. Nous ne devons pas craindre de nous abaisser en nous penchant des tours d'ivoire où nous avons cherché à élire domicile. (Nous nous sommes en vérité suffisamment rabaissés de toute façon.) Ceux qui sont trop confortablement installés et manifestent trop de désinvolture face à l'inefficacité de notre enseignement et aux injustices de nos hiérarchies professionnelles sont généralement les plus inflexibles. En prétendant, d'entrée de jeu, savoir exactement qui l'on est et ce que l'on a à faire, on risque fort de rester effectivement soi-même et de ressembler à ces personnages de *Anglo Attitudes* de Angus Wilson cantonnés dans une mesquine parodie d'eux-mêmes. Laissons ce genre de vie à ceux qui s'en accommodent. Certains parmi nous semblent déjà préférer ce genre de vie et il est juste de les laisser s'y prélasser. C'est d'émulation dont ils ont besoin, pas d'encouragement.

Un fait transcende la situation actuelle. Les technologies dont nous disposons aujourd'hui font tomber les barrières, brouillent les frontières et facilitent les connexions. Notre tâche maintenant n'est pas de construire un « Grand Disney World » ou de définir l'avenir. Elle consiste plutôt à explorer de nouvelles ouvertures, à multiplier les possibilités et à s'aventurer sur d'attrayantes avenues. C'est le moment indiqué de faire preuve d'exubérance mais non le temps d'élaborer de grands projets. Nous paierons le prix de cet enthousiasme en temps et lieu, mais profitons-en tout de même aujourd'hui, car demain personne ne sait si nous en aurons le temps.

En exploitant la technologie pour utiliser des nouvelles façons de relier le verbal et le quantitatif, nous découvrons qu'une telle réalisation avait toujours été possible auparavant, mais que les distances nous en décourageaient. Des explorateurs solitaires se sont aventurés plus loin pour établir un contact, mais nos disciplines traditionnelles sont lourdes et encombrantes alors que nos campus sont vastes, souvent divisés entre l'espace humaniste et l'espace scientifique. Un campus virtuel n'aurait pas à respecter ces divisions et rendrait les distances plus faciles à franchir. Il y a déjà un domaine dans lequel l'intégration de différentes disciplines fonctionne efficacement et d'une manière invisible depuis des années : celui de l'étude de « l'intelligence artificielle ». La philosophie, la linguistique, les sciences informatiques, la psychologie et parfois même les sciences médicales ont un intérêt commun dans la science cognitive et les possibilités de l'intelligence artificielle, mais l'articulation des cours d'un tel curriculum n'est pas toujours évident et les facultés concernées doivent travailler contre les acquis institutionnels pour trouver un espace de collaboration.

Le cyberespace offre une version plus flexible de la réalité institutionnelle dans laquelle nous pourrions trouver une façon de rendre très central ce travail. Cette flexibilité nous permet d'imaginer une réalité universitaire qui n'a pas à être coulée dans le béton comme le sont nos campus actuels. Les départements sont des alignements disciplinaires pratiques, mais ils sont loin d'être la seule façon de concevoir les relations intellectuelles au sein d'une faculté. Les doyens et les recteurs parlent avec mélancolie de rendre les barrières départementales plus perméables et de tendre vers une organisation plus flexible, mais ils ne s'aventurent jamais bien loin. Le cyberespace présente l'avantage de permettre à des gens ayant leur bureau à plusieurs pâtés de maison les uns des autres de forger de nouvelles alliances à l'intérieur d'une université virtuelle parallèle et d'expérimenter des pratiques intellectuelles et pédagogiques auxquelles nous pourrons toujours donner après coup une réalité bureaucratique.

Dans nos campus, les barrières les plus hautes sont naturellement celles qui séparent les arts libéraux des écoles professionnelles. Nous ne pensons jamais au droit, à l'administration, à la comptabilité ou à la dentisterie comme faisant partie des arts libéraux. Ceux qui savent dès le début de leur carrière universitaire que leurs ambitions s'orientent dans ces directions sont des citoyens et citoyennes privilégiés de deuxième classe, un peu comme les *equites* (chevaliers) de l'ancienne Rome — d'un niveau social plus bas que la classe sénatoriale, mais pour la plupart, beaucoup plus riches. L'étudiant des filières professionnelles aspire au succès économique et au prestige américain éhonté de l'argent, tandis que les étudiants des arts et des sciences sont encouragés par leurs maîtres et leurs aînés à escompter des perspectives d'avenir économiquement moindres en échange d'un prestige plus vénérable, peut-être même un peu élimé aujourd'hui. Des humanistes aventureux et imaginatifs trouveront bien le moyen de franchir ce fossé.

Nous accomplissons déjà des progrès dans plusieurs universités, de façon heuristique, chaotique et parfois opportune, sans élaborer de théories concomitantes. Nous avons déjà en main les outils pour effectuer les changements transformateurs — et je n'aurais pas dit cela en 1993. Nous pouvons émettre des prédictions sur les technologies susceptibles de nous aider à progresser et même si nous ne disposons que d'un ordinateur un peu désuet et avons accès à l'Internet de 1998, cela suffit pour révolutionner l'éducation de manière étonnante.

L'Université de Pennsylvanie met à la disposition des professeurs de nombreux outils : manuels multimédias, ressources pédagogiques du Web, courrier électronique interactif entre la faculté et les étudiants et entre l'université et le reste du monde, et même des objets apparemment aussi exotiques que le logiciel de rencontre virtuelle en ligne MOO — tous ces outils sont déjà monnaie courante pour beaucoup d'entre nous et nous travaillons d'arrache-pied pour les exploiter en essayant de s'assurer que leur pouvoir ne nous submerge pas. Même lorsqu'une faculté commence tout juste à maîtriser ces nouvelles technologies, les bibliothécaires, se dépouillant vite de leur image démodée d'antan, ont déjà mis sur pied des centres de renseignements équilibrés de manière à ce que l'imprimé et le pixel puissent coexister aussi longtemps qu'ils répondront à nos besoins.

Une autre approche tend à s'imposer dans le monde éducationnel : l'apprentissage basé sur le matériel didactique, une expression à la mode, qui indique une forte tendance. Nous pouvons créer des outils pédagogiques suffisamment interactifs et riches pour permettre aux étudiants d'y faire des recherches et de les utiliser à leur propre rythme. De tels outils ne répondent pas directement à la mission centrale éducative de motivation et d'orientation, mais un enseignement disponible lorsque l'étudiant en a besoin, suffisamment vigoureux pour le captiver, peut renforcer sa motivation et accélérer ses progrès. Cette approche convient évidemment à un enseignement basé sur le contenu dans des disciplines spécifiques, quelque part entre le niveau très élémentaire et intermédiaire (que ce soit pour remplacer un cours traditionnel ou pour le compléter). Imaginez une ressource en ligne où les cours sont disponibles non pas en tranches de 50 minutes, mais en segments vidéo de deux à cinq minutes étroitement liés à un paragraphe d'un manuel, et une vidéo d'une démonstration coûteuse à reproduire, avec l'ensemble des problèmes à portée de la main. C'est tellement plus efficace de réécouter une conférence aussi souvent que nécessaire directement de la bouche du professeur, plutôt que d'essayer de déchiffrer des notes griffonnées, souvent incomplètes ou inexactes.

La même méthode peut être utilisée à un niveau tout à fait différent. Les langues anciennes trop rarement enseignées (comme l'ancien syriaque ou l'occitan médiéval) risquent de disparaître des programmes d'études. Même là où les facultés possèdent les compétences pour les enseigner, souvent on ne leur attribue pas assez de temps dans leur charge normale de travail pour le faire. Si l'enseignement basé sur le rythme d'apprentissage individuel, avec ses multiples exercices et exemples, était maintenant disponible en ligne à l'échelle mondiale (il n'existe aucun obstacle technique nous empêchant aujourd'hui de le faire), un membre de la faculté locale pourrait alors, dès le début, superviser les progrès de l'étudiant, et par la suite profiter d'une période de six mois ou un an face-à-face avec celui-ci pour l'amener au niveau suivant — un luxe que peu peuvent se permettre de nos jours.

De plus, l'enseignement basé sur le contenu occupe une place très importante dans l'enseignement à distance. Le marché des études supérieures, pour les gens dont le rythme de vie ne leur permet pas l'allocation régulière en temps et en présence qu'exige l'éducation traditionnelle, a été fortement interpellé. J'ai donné des cours sur Augustin et Boèce sur Internet à des centaines d'auditeurs et de clients payants du monde entier qui ont obtenu des crédits de mon université pour un travail effectué très loin de Philadelphie. Cette expérience révèle qu'il existe un marché appréciable même pour une discipline ardue comme les classiques.

Aux États-Unis, les professeurs de latin au niveau du secondaire, par exemple, enseignent souvent en ayant très peu de contact entre eux ou avec la faculté, et ils sont trop peu nombreux et trop éparpillés pour justifier un travail de classe qui ne rejoindrait que quelques-uns d'entre eux. Dans l'ensemble, les professeurs de latin américains sont au moins aussi motivés et probablement mieux qualifiés que nos étudiants d'université réguliers pour faire des études avancées. Si nous pouvions leur fournir de manière fiable un enseignement de qualité sur Internet, nous nous rendrions service à nous-mêmes (il y aurait plus d'étudiants), nous leur rendrions service (en bonifiant et en réorientant leur enseignement), nous rendrions service à notre profession (en l'élevant à partir du niveau scolaire) et les avantages que l'étude des langues anciennes confère à la société dans son ensemble seraient accrus de façon significative. De plus, d'une certaine façon — et c'est sans doute là le point le plus important — le plaisir et le merveilleux de tout cela, la magie de l'éducation à son meilleur s'étendrait plus loin et plus profondément que jamais auparavant.

Ce même pouvoir sur les distances et l'intégration du texte, de l'image et du son peuvent être appliqués de plusieurs autres façons. Il devient plus facile que jamais de franchir les barrières géographiques ou disciplinaires, non seulement au sein d'une université, mais entre les universités elles-mêmes. Nous pouvons élaborer de véritables séminaires où des spécialistes dans des endroits différents entretiennent une conversation interactive continue de haut niveau (ce qui aujourd'hui ne se résume qu'à un échange de correspondance et à d'occasionnelles conférences). Inversement, il est possible d'imaginer une situation où il serait plus facile de constituer des équipes de recherche en un seul endroit, réunissant au sein d'une même faculté une demi-douzaine de spécialistes de l'histoire grecque, par exemple. Ce luxe, qu'aujourd'hui nulle université n'oserait se permettre, deviendrait possible si les étudiants de cet établissement désirant étudier la rhétorique grecque pouvaient compléter leur apprentissage par l'enseignement de spécialistes externes. Actuellement, il nous faut reproduire, dans des dizaines d'universités, de petites facultés d'études classiques disparates, de littérature allemande ou d'astronomie, pourvues chacune d'un seul spécialiste de plusieurs disciplines responsable de toute la charge de travail, ce qui ne permet pas de promouvoir le haut niveau de discours savant que nos universités ont le mandat de créer.

Personne ne devrait essayer de substituer ce type d'enseignement technologique à la vieille vision de Mark Hopkins d'un côté et les étudiants de l'autre. La technologie peut avoir un effet de déshumanisation et de distanciation. En enseignement supérieur, nous nous devons d'être plus honnêtes vis-à-vis nous-mêmes que nous ne le sommes maintenant en ce qui concerne la qualité de l'enseignement. Trop d'aspects de l'enseignement supérieur, ici et ailleurs, déshumanise et distancie déjà. L'austérité de l'économie et les défauts du caractère humain soumettent déjà nos étudiants à d'interminables conférences, à des professeurs auxiliaires novices, à des conférenciers itinérants à mi-temps et à une foule d'autres expédients. Dans la relation idéale entre professeur et élève, nous pourrions être tentés de penser à renforcer cette relation, mais nous ne devrions pas essayer de la supplanter. Il y a déjà trop de lacunes dans tous les secteurs de l'activité humaine et nous devrions profiter de l'occasion pour utiliser nos nouveaux outils afin de donner à l'éducation un visage plus humain.

L'éducation, nous le savons, ne se résume pas à télécharger de l'information. Nous sommes tous d'avis que ce qu'elle a de plus précieux réside dans un contact personnel qui sache motiver, enflammer et guider. Depuis longtemps, l'enseignement supérieur américain éprouve de la difficulté à découvrir le juste modèle qui sache faciliter ce genre de rapport entre faculté et étudiants. Les préceptorats de Woodrow Wilson à Princeton, qui se situaient entre le tutorat pratiqué à Oxford et le séminaire allemand, sont une institution que tous ceux qui l'ont connue savent morte depuis longtemps et dont ils vantent encore les mérites — même parmi les plus habiles praticiens de cet art local. Cette institution offre un modèle de ce que le professeur de demain devrait faire.

Pour le professeur de demain, il n'est plus question d'enseigner comme au temps où les universités réunissaient toutes les études en un seul lieu. L'université a déjà été un microcosme, un monde en miniature offrant toute la connaissance dans une arène restreinte. Chaque discipline représentée avait son professeur qui était l'autorité suprême locale en la matière. Cette suprématie s'est depuis très longtemps évanouie alors que, au siècle dernier, le développement de nos grandes bibliothèques de recherche mettait le monde à notre portée et que les étudiants, plutôt que de rester assis à écouter le professeur local, découvraient de nouvelles façons d'apprendre leur matière. La structure de nos institutions de haut savoir reflète encore cette façon de faire. L'ancien modèle est sans doute encore puissant et utile mais nous devrions sérieusement penser à une façon de l'adapter à l'avenir, tout en nous rappelant que les nouvelles métaphores peuvent elles aussi être utiles.

Le rôle véritable du professeur dans ce monde riche d'information ne consistera pas à fournir des renseignements, mais à conseiller et à encourager l'étudiant à se débattre dans les eaux profondes d'un déluge d'informations. Dans cet environnement, le professeur évoluera en tant que mentor, tuteur, conseiller et moniteur. Il mettra à profit les connaissances actuelles pour encourager, pousser et parfois entraîner l'étudiant à travers les tâches cruciales du traitement de l'information : l'analyse, la résolution de problèmes et la synthèse des idées. Celles-ci sont le cœur de l'éducation et ce sont les meilleures activités auxquelles nous puissions consacrer notre temps. En dehors de cela, le professeur sera un point de contact avec le monde au-delà du campus. J'aime l'image de l'université en tant que progiciel (avec à l'avant ce que nous voyons à l'écran et ce avec quoi nous interagissons) ouvert sur le monde entier, choisi pour sa puissance, sa vitesse, sa fonctionnalité, sa facilité d'utilisation et même sa convivialité. Le professeur devient en quelque sorte un icône du logiciel — cliquez sur le professeur et laissez-le vous mener à travers le monde qu'il connaît.

La puissance du Web n'est à peine qu'une fraction de celle que l'information en réseau amènera. Or il est déjà possible d'avoir une page d'accueil bien structurée où l'étudiant puisse trouver tout ce dont il a besoin, du programme de cours à une liste détaillée de lectures, aux notes distribuées lors de conférences (qu'on retrouvait autrefois sur le plancher de la classe) jusqu'à des archives de recherche très élaborées. Une telle ressource est susceptible d'inciter chaque étudiant à aller aussi loin qu'il en est capable, et peut-être même au-delà de ce que ni lui ni le professeur ne croyaient possible d'aller. Les frontières tombent et se brouillent, et les aptitudes du curieux sont la seule limite à l'apprentissage du savoir. Lorsque le professeur sera disponible en ligne par courriel ou pour un entretien en direct (et non uniquement quand sa porte est ouverte pour des heures de bureau limitées et chargées), l'interface électronique améliorera de façon marquée la dimension personnelle de l'éducation.

Si vous êtes comme moi, en ce moment, la perspective qui s'offre à nous vous étourdit déjà un peu. Il n'y a aucun doute que notre avenir, comme tout avenir, sera aussi profitable qu'exigeant. La terre promise n'est pas encore à notre porte, et il serait ridicule pour quiconque de le croire. Certains aspects de l'intimité que procure le face-à-face nous manquent sûrement. Mais nous sacrifions déjà régulièrement notre intimité pour gagner une certaine liberté ou du pouvoir, et il y a des siècles que nous faisons ce genre de choix sous différentes formes. Toutes les technologies du mot, de l'invention de l'écriture à l'invention de l'Internet, ont procuré à ceux qui les utilisaient une sorte de portée, de pouvoir et d'intimité, mais elles ont dissous un peu plus les liens physiques de la communauté du face-à-face. Il n'y a aucun doute qu'il y aura à l'avenir autant à perdre qu'à gagner.

La question sans doute la plus troublante touche la lecture. Lisons-nous aujourd'hui encore aussi attentivement que nous avons déjà lu ? Le fera-t-on dans l'avenir ? Des voix prudentes se font déjà entendre, comme celle récemment de l'essayiste Sven Birkerts dans *The Guttenberg Elegies*, regrettant la perte de culture, rançon de la perte de la lecture attentive. En tant que lecteur passionné, ne me sentant pas tout à fait chez moi si je ne suis pas submergé de livres à moitié lus que je dévore tour à tour, je peux déjà sentir la nostalgie dans laquelle je passerai mes vieux jours à réviser sombrement une génération d'étudiants faisant de l'« infosurf » plutôt que de lire.

Mais sur ce point, il n'y a aucune marche arrière possible. Bien que j'aie dénoncé le déterminisme, j'insiste pour que l'accès à une technologie aussi puissante ne puisse être refusé, tout comme l'accès à l'écriture et à l'imprimerie ne l'ont pas été à leur époque. Les universités que nous occupons devront se transformer ou disparaître. Je me souviens de la vieille histoire du fermier qui avait une hache qu'il aimait beaucoup — il l'aimait tant qu'il en a changé trois fois le manche et deux fois la tête et qu'il a toujours conservé « sa » hache à la même place. La blague est sensée nous faire rire des fermiers stupides, mais elle illustre bien nos concepts d'identité. La continuité mène à l'identité, tout comme l'essence le fait, et si la première forme de cette hache s'était rouillée, s'était brisée et avait été jetée, le fermier aurait été sans hache.

Les universités d'aujourd'hui, toutefois, ne ressemblent en rien à celles d'il y a cinq cents ans et s'enrichissent d'une transformation qui résulte d'une expérience vécue de continuité, peu importe où le voyage les a menées. Où serions-nous sans ces universités qui ont réussi à traverser cinq cents ans de changement ? Nul ne saurait le dire. La question maintenant est de savoir si nous devons continuer à les adapter, à leur installer des nouvelles têtes et de nouveaux manches au fur et à mesure qu'elles en ont besoin, ou encore les garder comme elles sont.

Pour décider ce que nous, à titre de praticiens et praticiennes, mécènes et étudiants des humanités, ferons dans nos sphères universitaires respectives, nous devrons d'abord décider à quoi servent les humanités. Il y a toujours ceux qui maintiennent, malgré une preuve empirique substantielle du contraire, que l'étude des humanités rend les gens meilleurs, plus vertueux, plus sages. Elle peut donner des résultats, mais elle n'est pas la seule façon d'atteindre ces buts, et elle est loin d'être une voie infaillible. On peut raisonnablement débattre à savoir si l'incidence de vertu et de sagesse dans nos milieux académiques suffit à en justifier les coûts. Pour croire à l'effet vertueux de ces disciplines, nous devons croire à une sorte de dislocation et de transfert qui n'est pas évident à première vue.

En approfondissant la question, on découvre une approche des humanités qui accentue ce que l'étude des cultures et de leurs produits peut faire pour la qualité de notre discours sur la culture. Nous devons alors croire moins en un transfert invisible et davantage en une connexion directe. L'étude des classiques est inévitablement une étude des modèles et des mises en garde, des précédents à imiter et des pièges à éviter. Même parmi les gens dépourvus d'éthique, les humanités peuvent manifestement engendrer une attention pour le détail, une patience pour le débat, un respect pour le différend, une préoccupation pour l'opacité du soi vis-à-vis lui-même et pour les autres esprits vis-à-vis le sien. Finalement, l'étude du discours nous enseigne à reconnaître le langage pour ce qu'il est : le véhicule d'une culture qu'on ne doit ni mépriser ni idolâtrer, mais plutôt apprécier pour son excellence, et dont on doit s'inspirer pour éviter ses erreurs.

Peut-on trouver des façons plus flexibles et plus constructives d'imaginer notre monde ? La qualité de notre discours public s'améliorera-t-elle à mesure que nos outils de communication élargiront et approfondiront la collectivité partageant ce discours ? Ce sont là des questions urgentes dépassant même les frontières de nos campus. Si nous ne pouvons pas y répondre de façon efficace, nos déclarations quant à la valeur et à la dignité du monde universitaire seront de plus en plus rejetées.

Le jacassement dégradé de la culture du média de masse peut à la fois nous inculquer espoir et prudence. On peut certes espérer que l'espace public artificiel se dissolve et disparaisse, entraînant avec lui les imposteurs qui y évoluent. Mais le risque le plus probable est l'émergence non pas d'un forum public mais celle de centaines, voire de milliers de forums qui se chevaucheront. Comment bâtirons-nous à partir de cela une vie publique et une communauté ? Voilà une question riche en possibilités mais comportant des risques. La seule prescription pour un tel avenir est de former des citoyens et citoyennes aussi ingénieux et circonspects que possible dans les arts du discours — nouveau et ancien. Notre erreur est sans doute de présumer que la société ait besoin d'une unique et cohérente communauté centrale du discours pour pouvoir fonctionner. On peut certainement débattre du fait que la formation de telles communautés centrales ait entravé la capacité des vraies sociétés à ménager en leur sein une place pour les gens et les communautés en marge. Mais une société sans discours commun ne serait-elle pas chaotique ? Cela ne prend pas un cynique pour rétorquer : comparée à quoi ? Si nous réussissons à créer une standardisation au niveau des infrastructures sociales, nous aurons peut-être de moins en moins besoin d'une superstructure consciente d'elle-même pour la résolution des problèmes sociaux, comme elle nous semblait jadis nécessaire.

Nous ne savons pas ce qu'il adviendra de notre société parce que nous ne savons pas avec certitude ce qu'il adviendra de nous. Michel Foucault est célèbre pour avoir scandalisé ses lecteurs, il y de cela une génération, dans *Les Mots et les choses* en suggérant que ce que nous appelons « l'homme » n'était qu'une chose imaginaire, une pratique culturelle héréditaire qu'il voyait se dissoudre à notre époque. Avait-il raison ? Et si nous n'étions pas qui nous croyons être ? Et si le fait de penser à qui nous sommes — la théorisation de nous-mêmes — nous avait façonnés et s'avérait ne plus être nécessaire ? Dans ce cas, le dernier vrai travail de l'érudition humaniste serait une « histoire de l'âme » et de l'univers rationnel anthropocentrique qu'elle proposait.

Les penseurs de la fin de l'Antiquité étaient préoccupés par l'analyse de l'âme en tant que chose de « l'homme », qui le définissait et l'animait — toute invisible et imperméable aux enquêtes ordinaires qu'elle soit. Cette personne, cet être avec une âme, a commencé à se voir concurrencé par d'autres versions il y a de cela très longtemps. Mais nous vivions encore dans un monde qui répondait aux besoins de la personne, même à l'époque où les scientifiques commençaient déjà à peser sur la raison humaine au point de découvrir un univers singulièrement inhumain. Si les humanités se sont débrouillées pour façonner les « Deux Cultures » (le nom qu'a donné C. P. Snow à la façon dont les sciences et les humanités se traitent mutuellement) en insistant sur un modèle ancien, peut-être leur avenir réside-t-il dans la reconnaissance de l'artificialité de toutes les créations humanistes. Cette reconnaissance pourrait se changer en une célébration des meilleures créations humanistes et en même temps en une libération des pires d'entre elles.

Reconnaître l'artificialité des créations humanistes ne signifie pas les délégitimer, mais accepter leur inévitabilité. Le monde postmoderne dans lequel nous vivons n'est pas une communauté élective, pas plus que le postmodernisme n'est une doctrine que nous sommes censés accepter ou rejeter à notre gré. L'influente *Condition postmoderne* de Jean-François Lyotard est née d'un rapport commandé par les autorités gouvernant les universités du Québec ; aujourd'hui, deux décennies plus tard, elle se mérite audience auprès des administrateurs universitaires qui avaient en horreur une théorie apparemment si obscure. C'est ce qui est advenu de nous, car aujourd'hui nous sommes tous des éclectiques de l'hypertexte, inoculés, que nous le reconnaissions ou non, d'une esthétique et d'une éthique postmodernes. Nous faisons du « zapping », multiplions les costumes pour toutes occasions, avons mille distractions, pratiquons le shopping et le jeu de rôles ; les plus traditionalistes de nos leaders sont totalement postmodernes dans leur manière d'être traditionalistes.

Nous n'avons que deux alternatives, se choisir une idole comme l'a fait Nietzsche ou se trouver une vocation. Le Bien et le Mal ne sont pas des questions qu'il nous échoit de résoudre par nos études, mais des questions à résoudre en vivant nos vies.

Les humanités sont dépositaires de ce qui a été fait, pour le meilleur comme pour le pire. Si elles se bornent à ce rôle, elles sont un échec. Si elles fournissent aussi de surcroît la possibilité, l'énergie et les outils aptes à favoriser une plus grande communication avec tous les habitants de la planète, y compris avec ceux qui évaluent au-delà de ses limites disciplinaires au sein de notre culture ou au-delà des limites de cette même culture, alors elles valent la peine d'être approfondies.

Hyperlien

COMMENT FONCTIONNE L'ENSEIGNEMENT?

Voici l'histoire d'un vieux professeur que je chéris et qui projette sur l'enseignement un double éclairage. Le premier explique comment j'en suis venu à raconter cette histoire. Mon collègue Al Filreis, de l'Université de Pennsylvanie, ouvrait son bureau le dimanche soir, et m'avait invité un jour à l'y rejoindre. Un groupe bigarré d'étudiants de son cours de poésie moderne sont venus et nous avons discuté de choses et d'autres. Le temps passait et juste avant de quitter le groupe, je me suis souvenu de l'histoire qui suit à propos de madame Shoppach et j'ai promis au groupe de la leur raconter plus tard.

Pendant qu'Al recevait à son bureau, j'étais à Seattle, dans l'État du Washington, non à Philadelphie ; lui était au nord de la Pennsylvanie, à Selinsgrove, non à Philadelphie ; et ses étudiants étaient disséminés un peu partout sur le campus de l'Université de Pennsylvanie. Nous nous sommes « rencontrés » dans un « MOO », un espace virtuel de rencontre en ligne. Nous aurions tous préféré nous rencontrer au New Deck Tavern ou à un autre de nos bars favoris, mais il était onze heures le soir, Al et moi étions loin, et cette discussion animée, à défaut de mieux, présentait tout de même un intérêt. Cela dit lorsque j'ai terminé cette conférence en ligne, j'ai écrit l'histoire de madame Shoppach, l'ai envoyée par courriel et Al l'a ajoutée à la liste du matériel en ligne que pouvaient lire ses étudiants, même ceux qui n'avaient pas assisté à notre discussion ce soir-là.

L'histoire elle-même en dit long sur l'enseignement, car madame Shoppach était un bon professeur. La voici telle que je l'ai écrite pour les étudiants de Al Filreis.

De : James O'Donnell
Objet : Madame Shoppach
Date : Lundi le 17 avril 1995
00:08:19-0400 (HAE)

En quatrième année, madame Shoppach nous faisait faire des exercices de calligraphie. Elle écrivait un texte au tableau, avec sa belle écriture de la méthode Palmer, que nous devions copier au crayon. La règle était simple : ON N'EFFACE PAS. Si vous rendiez une copie sur laquelle vous aviez effacé une seule fois, vous écopiez d'un F tout simplement.

Que faisait madame Shoppach, plus précisément ? Elle obligeait des enfants de neuf ans à ralentir, à se calmer, à se contrôler, à avoir un peu de discipline. Pas bête.

Nous étions donc assis à copier, et après quelques minutes, nous entendions un « Zut! » et un gosse froissait sa feuille de papier et recommençait. Vous deviez réussir à produire une copie vierge de gommage à 100%, sinon vous reveniez après les cours pour la terminer.

Or cet exercice nous a enseigné deux choses très utiles : (1) à acquérir une belle écriture, et (2) à devenir des experts du gommage. Pour des raisons évidentes, à cet âge-là, on ne pouvait pas copier *The Village Blacksmith*[14] parfaitement à chaque fois et c'était assommant. Vous deviez donc étudier la situation, vous acheter des gommes de caoutchouc molles et fraîches, apprendre à écrire légèrement sans faire de sillon dans le papier, apprendre à effacer soigneusement autour des lignes bleues du papier sans en érafler la surface — elle examinait la feuille à contre-jour et pouvait voir où vous aviez éraflé le papier. Donc l'effacement idéal ne faisait que soulever la trace de mine du papier sans le toucher.

La plupart d'entre nous sommes devenus très versés dans cet art. Madame Shoppach ne m'a pris en défaut qu'une seule fois et m'a

[14] Poème de Henry Wadsworth Longfellow, environ de la même longueur que *Les Animaux malades de la peste* de La Fontaine.

collé le seul F de toute ma carrière à l'école primaire et secondaire. (Les enfants se sont groupés autour de moi pour applaudir, mais ça c'est une autre histoire.) Je n'ai pas regardé la feuille avec un F en me disant : « Mon Dieu, j'ai péché, je dois racheter ma faute. » Je l'ai observée de près et me suis dit : « C'est qu'elle est vraiment douée ! Il faut que je me trouve une meilleure gomme et que je travaille à ces traits qui croisent les lignes bleues. » Et c'est ce que j'ai fait, et elle ne m'y a jamais pris une seconde fois (bien que je l'aie soupçonnée alors et la soupçonne encore d'avoir parfois laissé passer un gommage particulièrement bon).

Après mûres réflexions, des années plus tard, j'ai compris en quoi consistait le mérite de cette technique d'enseignement : ses deux composantes étaient également importantes et utiles. Apprendre à se calmer et à écrire proprement est une chose valable, mais apprendre à faire face de façon pragmatique à des exigences irréalistes sur son temps et son talent l'est tout autant. Jusqu'à quel point faut-il réellement être doué ? Quels devoirs peut-on se permettre d'escamoter ? Quelle quantité de lectures faut-il réellement se taper ? VOILÀ des compétences de la vraie vie, du monde réel, parce qu'on aura toujours à jongler avec des demandes multiples. Et justement, dans ce cas-ci, les compétences en gommage que nous avons acquises étaient tout aussi pertinentes que nos compétences en calligraphie — elles nous ont directement permis de produire un travail écrit qui était plus net, plus propre, plus lisible, etc.

Ce soir, ma position est la même que je soulignais lors du « MOO ». Le contenu de ce que nous enseignons est une chose, mais la forme sous laquelle nous l'enseignons, la façon dont nous gérons la classe, les devoirs et les évaluations sont toutes des parties importantes de l'éducation. L'essentiel de votre apprentissage à l'université consiste à apprendre à jongler à la fois avec plusieurs cours et avec votre vie, sans qu'on doive venir vérifier si vous vous en tirez. En ce moment, en classe, la forme de conférence traditionnelle me semble morte, comme l'est le séminaire incitant les gens à rédiger (dans le cas des séminaires de doctorat, des semaines ou des mois plus tard) leurs propres petits exposés obsessifs prouvant à quel point ils sont intelligents. L'exercice a son utilité ; car vous apprenez des choses, mais le comportement que ces pratiques inculquent est inutile, et de bien des façons extrêmement contre-productif, lorsqu'elles sont appliquées au monde réel. Le défi que j'ai lancé à Alph [Al] est de continuer à penser et à travailler à la façon dont nous ajustons nos pratiques tout autant que notre contenu pour maximiser les résultats.

jo'd

PS : J'ai revu madame Shoppach lors d'une réunion de classe de primaire en 1995, trente-trois ans après l'avoir vue la dernière fois, et elle a confirmé mon souvenir de l'exercice d'écriture et jure encore qu'elle n'a jamais sciemment laissé passer quoi que ce soit. Je n'en suis pas si sûr : je n'ai jamais pensé que j'étais si doué. Mais trente-trois ans plus tard, elle a aussi confirmé mon souvenir de sa force de caractère. Elle était de ces professeurs dont l'influence est grande et profonde toute une vie durant.

Chapitre Huit

QU'ADVIENDRA-T-IL DES UNIVERSITÉS ? (POUR PROFESSEURS SEULEMENT)

Quelque chose dans la vie académique pousse les hommes (et autant que je sache, presque exclusivement des hommes) à écrire des livres à ce sujet, convaincus que leurs lecteurs seront ravis de lire une histoire qu'ils connaissent déjà. Au cours des dernières années, ce genre de travail a principalement été l'apanage de enquiquineurs se faisant une joie de nous dire ce qui ne marche pas dans nos universités, et nous avons eu droit à un éventail de livres profondément superficiels se disputant le palmarès des best-sellers : *The Closing of the American Mind, Profscam, Tenured Radicals, Killing the Spirit, Illiberal Education, We Scholars*... Pour l'essentiel, cette accusation veut que, bien que nos universités fassent l'envie du monde et qu'elles représentent un secteur de l'économie dans lequel la domination américaine est encore quasi incontestée, nous faisons tout de travers, trahissant tous les principes auxquels nous adhérons (ou devrions adhérer). La maladresse habituelle de l'homme et les bonnes intentions nées de la myopie intellectuelle, les deux principales sources de mésaventures dans l'histoire, ne suffisent évidemment pas à expliquer la monstruosité de nos crimes et nous devons donc chercher un défaut idéologique. Les défenseurs du monde universitaire cherchent surtout à renvoyer l'accusation de l'erreur idéologique à ses détracteurs. Le professeur sans attachement idéologique évident qui rédigerait sur ce sujet un livre destiné au grand public serait tout de suite balayé du revers de la main en tant que défenseur du statu quo (et on lui imputerait sans doute des liens avec un camp idéologique ou l'autre, ou peut-être même — dépendamment du lecteur — les deux). La plus vaine et périmée des querelles, celle entre la gauche et la droite, est remise en scène et rejouée *ad nauseam*, telle une reconstitution historique exsangue de la guerre de Sécession américaine.

Afin d'éviter les batailles idéologiques, je cède à la tentation d'écrire au sujet de l'université en m'adressant seulement à mes collègues universitaires. Les autres lecteurs désirant être spectateurs sont les bienvenus, mais le « vous » et le « nous » dans ce chapitre se restreignent aux habitants des campus américains.

Selon les critères conventionnels, on admettra que l'enseignement universitaire n'est pas un domaine dans lequel une personne raisonnable investirait son argent.

Examinons les faits. Nos universités sont individuellement enfermées dans une politique de croissance zéro et notre productivité est stagnante sinon décroissante. En règle générale, lorsqu'un système étatique nécessite une plus grande capacité d'accueil, on doit construire davantage de campus. Dans les faits, la croissance sur un campus donné consiste habituellement en une croissance du corps étudiant, non en une croissance des autres installations universitaires au-delà du strict minimum, et est donc indésirable. Les charges de travail (une des mesures de productivité) ont été réduites au cours des années, et la réaction caractéristique face à la prospérité a été de diminuer encore plus la productivité. Et nous crions au scandale et parlons de mettre l'emphase sur la nécessité de « remplir les places » alors que les doyens nous demandent de donner quelques cours auxquels les étudiants s'inscriraient. (Il y a ici une anomalie du fait que nous mesurions la productivité de l'enseignement à l'aide du critère industriel du système de crédit/heure qui suppose que toute l'éducation puisse raisonnablement être divisée en unités de taille et de poids égaux. Par conséquent, un séminaire sur la théorie du film postmoderne compte nécessairement autant qu'un cours de formation en chimie organique, et un cours avec 600 étudiants compte autant pour l'étudiant qu'un cours avec 6.)

De plus, l'autre volet de notre productivité, la recherche, a beaucoup d'importance pour nous, et nul doute qu'en termes quantitatifs, elle s'est accrue. Mais nous ne savons même pas nous en réjouir : nous débattons davantage d'un déluge effréné de publications inutiles que de leur abondance et de leur utilité. À l'université, le volet de la production de la recherche apporte des avantages financiers certains (les subventions, par exemple) mais aussi des coûts réels comptabilisés et non comptabilisés. Lorsque l'université paie un membre de la faculté pour faire de la recherche et pour écrire un article par exemple, la tradition veut que le chercheur fasse don de l'article, ou même que l'université aide à *payer* à l'éditeur les « coûts par page » d'un autre éditeur, commercial celui-là, qui revendra ensuite à l'université l'article sous forme de revue scientifique.

Notre structure organisationnelle mène souvent à de l'égocentrisme, à des querelles internes et à des royaumes féodaux. Le modèle dominant pour nos comportements est individuel et entrepreneurial au sein d'un environnement socialiste. Nous faisons l'éloge du travail d'équipe, mais la façon dont le prestige est distribué dans nos universités décourage le travail d'équipe horizontal, favorisant plutôt, à l'occasion, le travail d'équipe vertical du professeur titulaire avec son équipe de recherche de professeurs adjoints, de stagiaires postdoctoraux et d'étudiants de 3e cycle. Et puisque les départements universitaires sont constitués (en principe) d'individus indépendants et ingouvernables ayant des responsabilités et des buts communs, les chaires et les doyens n'ont guère plus que la pression morale comme recours pour confier certaines responsabilités à des membres parfois réticents du département. Des équipes comme celles que nous formons au sein de ces départements sont aussi difficiles à faire changer de cap que le Queen Mary. Les doyens grincent des dents et nous fustigent du mieux qu'ils peuvent, convaincus que c'est la meilleure façon d'influencer notre comportement. Mais nous sommes à peu près sûrs que ce blâme est une réaction inappropriée face à notre comportement. Le déséquilibre dans la distribution des ressources entre la recherche et l'enseignement d'une part et entre les sciences et les humanités d'autre part peut être énorme dans certains établissements. Mais un département reste un département, et quand on en regroupe suffisamment, on obtient une « école », cet élément féodal irréductible qui constitue les universités. Il n'y a désormais plus un centre et ses succursales, seulement des centres multiples, présumés équivalents, mais de nature largement variée. Par opposition à l'ancien concept de l'unité des études, lorsque les administrateurs poursuivent un mandat de diversité et de développement, ils sont largement applaudis, mais ils ne suscitent aucune inquiétude particulière quant à la survie ou la prospérité des unités individuelles, sauf si elles rapportent.

De plus, nous donnons maintenant des notes plus hautes que jamais, tout en nous sentant coupables, et nous hochons la tête lorsque nos collègues ou le public s'en plaignent. Aucun étudiant ne se plaint de notes trop élevées, naturellement, mais personne ne connaît d'autre façon de mesurer la réussite scolaire. (Les discussions sur le gonflage des notes restent le discours académique dominant, car il n'y a aucune chance qu'une quelconque action puisse être prise pour corriger la situation que nous déplorons.)

Nos étudiants nous laissent perplexes. Nous sommes prêts à leur enseigner les langues qui les aideraient à comprendre notre monde multiculturel ou les sciences qui les habiliteraient à interpréter et à façonner le monde physique, et malgré cela ils se divisent entre les études les plus étroitement pragmatiques (affaires, médecine et autres) et les plus doucement insipides (le pot-pourri incontrôlé de majeure en histoire enseigné dans d'énormes cours magistraux.) Nous enseignons l'histoire de l'art comme le faisaient nos aînés et rageons contre les étudiants lorsqu'ils n'y sont pas attentifs. Notre réponse à ces expériences oscille entre le désespoir devenu routinier et l'intensification de la méthode : s'ils ne comprennent pas, parlons plus fort, parlez plus fort, insistons avec force. Les résultats sont étonnamment inefficaces.

Si nous sommes à l'université, c'est pour enseigner et surtout parce que la société veut bien nous payer pour le faire, mais peu d'entre nous avons reçu de formation en pédagogie et lorsque nous avons été formés, c'était par des spécialistes de notre discipline et non en pédagogie. Nous prenons vraiment, pour la plupart d'entre nous, notre enseignement à cœur, nous y travaillons fort, et nous sommes frustrés de cette réputation collective qu'on nous fait d'être négligents et inattentifs (bien sûr, en l'absence de supervision, plusieurs d'entre nous le sont), mais les capacités de notre intellect sont trop limitées pour concevoir une façon d'améliorer la qualité et la pertinence de ce que nous faisons. Nous croyons que c'est indigne d'inviter le département de psychologie ou d'éducation à venir discuter avec nous de nos pratiques ou à nous offrir leur avis et leurs conseils. De toute manière, nous nous demandons comment de telles consultations pourraient se dérouler, car la classe est malgré tout l'endroit le plus intime de l'université. Notre respect pour l'inviolabilité de la classe de nos collègues (sauf lorsque nous devons assister cérémonieusement au cours d'un professeur agrégé pour l'évaluer) rendrait difficiles de telles consultations. Les étudiants remplissent tout de même des formulaires d'évaluation qui sont lus avec assiduité par les titulaires et les doyens persuadés que le jugement du néophyte est la seule mesure d'évaluation qu'on puisse considérer.

Finalement, nous trouvons *bien sûr* le moyen de concentrer notre attention (et celle du monde) sur nos disputes au sujet du programme d'études. Ce faisant, nous nous sommes placés dans une situation caricaturale nous étiquetant de gauchistes et, plus surprenant encore, mis en position de nous faire accuser par la droite américaine de chercher à restreindre la liberté de pensée et d'expression. Il semble inconcevable que nous ayons pu atteindre ces résultats autrement que par la seule force d'un effort concerté, et malgré tout nous donnons justement l'impression de l'avoir fait sans effort, sans y penser et le plus naturellement du monde. Il n'existe aucune preuve vraisemblable à l'effet qu'un programme obligatoire ou prescrit d'éducation générale ait quelque effet que ce soit sur le développement éducatif ; par conséquent, nous avons choisi de nous battre jusqu'au bout pour des questions visant à déterminer ce qui sera inclus dans un tel programme. Pendant longtemps, la littérature et la philosophie ont fait l'objet de telles luttes, mais nous avons récemment trouvé — avec le soutien financier du National Endowment for the Humanities de Lynne Cheney, pas moins — une façon de polluer le programme d'histoire avec les mêmes erreurs.

Pendant ce temps, nous avons perdu de vue les étudiants et le monde extérieur. Il y a longtemps que l'organisation des études dans les écoles d'arts et sciences de l'université moderne a été coulée dans le béton. On y ajoute de temps en temps des bouts disparates de filigrane disciplinaire, mais la façon dont nous avions jugé bon de diviser le monde il y a cent ans est restée à peu de choses près celle que nous utilisons aujourd'hui. Cela nous importe peu que ces divisions ne soient aucunement pertinentes à nos étudiants ou à leur expérience du monde extérieur. La gauche universitaire, on peut l'appeler ainsi, s'entête à enseigner ce qu'elle veut enseigner tandis que la droite universitaire et non universitaire insiste pour que nous enseignions ce qu'elle veut nous faire enseigner. Et le débat est facilité par le fait que les deux camps s'entendent sur un point : aucun ne s'inquiète de ce que les étudiants veulent étudier ou du rapport que ces champs d'études peuvent avoir entre eux.

Mais finalement nous savons, au plus profond de nous, que nous bénéficions de deux grands avantages qui constituent, en quelque sorte, deux fondements pour le socialisme que nous méprisons en nous y accrochant, et deux mesures de la valeur que nous représentons pour la société. Le premier est que nous nous sommes arrogé le droit d'accorder des diplômes non seulement pour les métiers et professions nécessitant la validation spécifique d'une autorité, mais aussi pour pratiquement tout ce qui concerne la prospérité économique d'une vie. Le marketing américain a connu de nombreux triomphes dans son histoire, mais la création et la vente du « diplôme universitaire » est sans doute parmi ses plus grandes réalisations. Tant et aussi longtemps que nous contrôlons l'accès à la classe moyenne et au-delà, la survie nous est assurée.

Notre deuxième avantage, comme le premier, a pour effet de faire en sorte que l'université soit aussi un monopole. Bien que l'université américaine soit une mine pour la recherche et une dynamo pour l'enseignement, elle est aussi le plus merveilleux des camps de jeunes du monde. Nous ne devons pas minimiser et encore moins ignorer le fait que les universités soient aussi des lieux sociaux importants où beaucoup de jeunes poursuivent, en grande partie sans supervision, un stade essentiel de leur exploration sociale et sexuelle. La vie en résidence dans une grande université constitue, pour les plus chanceux de nos jeunes de 18-22 ans, une maison de transition dorée, avec la plupart des avantages de l'âge adulte et les protections et privilèges de l'enfance. Cette expérience collégiale a d'abord été créée au bénéfice de la classe bourgeoise, mais de 1950 à environ 1965, nous avons produit en série cette vie privilégiée et l'avons rendue disponible à des millions de jeunes. Nos étudiants admettent qu'ils doivent fréquenter l'université pour recevoir une éducation de haut niveau et se préparer à une carrière, mais ils veulent aussi y aller parce que ce sera amusant. (Et quand ils pensent s'amuser, rien de ce qu'un professeur fait d'eux, avec eux et pour eux ne leur vient à l'esprit.)

Le dilemme sous-jacent est que l'université n'est pas une société commerciale, mais une communauté dont la fonction consiste à fournir une assise stable pour la promotion individuelle que nous appelons l'érudition. Mais en tant qu'institution, elle risque de perdre son aptitude à fournir cette assise si elle ne réagit pas comme le ferait une société commerciale. Finalement ce ne sera sans doute plus un entrepreneurship de nature financière composé d'unités au sein de l'établissement universitaire qui lui permettra de survivre. Or ce sont les composantes les plus familières, traditionnelles et centrales de l'université qui ont le moins d'occasions de collaborer à ce genre d'entrepreneurship. Comment pouvons-nous faire en sorte que l'école de commerce prenne à cœur le département de l'égyptologie (et en assume les coûts) ? Si nous y échouons, allons-nous nous passer de l'égyptologie ?

Avant de considérer l'orientation et l'attitude que l'université, traditionnellement créatrice et pourvoyeuse d'informations rares et de haute qualité à l'intention d'une clientèle variée, doit prendre lorsqu'elle se retrouve au beau milieu d'une société inondée de plus d'informations qu'elle ne peut en assimiler, nous devons essayer de nous faire une image claire de la situation.

Les premières critiques concernant le trop-plein d'informations remontent à une époque très ancienne. Sénèque, le philosophe romain, se moquait des gens qui au premier siècle de notre ère possédaient tant de livres qu'ils n'avaient que le temps d'en lire les titres. Au début du VIIe siècle, Isidore, l'évêque de Séville, en contemplant la masse des textes d'Augustin ayant survécu, proférait l'épigramme : « L'homme qui dit qu'il te lira (Augustin) entièrement est un menteur. » Cinq millions de mots accessibles sur une interface de cuir d'animal, commune à cette époque, suffiraient à donner des maux de tête à n'importe qui.

La même observation peut être faite au sujet de Mark Twain qui raconte, dans *La Vie sur le Mississipi*, comment il a dû étudier le fleuve Mississipi à titre d'apprenti pilote, à connaître chaque remous, chaque courant et point de repère sur plus de mille kilomètres et à connaître la façon dont ils se présentaient et affectaient la progression des bateaux dans les deux directions. Alors que pour moi, le Mississipi n'est guère plus qu'un paysage et un prétexte pour chanter *Old Man River* d'une voix de baryton discordante chaque fois que je le traverse ; pour Twain, il représentait une masse d'informations à laquelle il devait avoir accès pour pouvoir l'étudier. De même, les volumes de nos bibliothèques contenant les cinq millions de mots d'Augustin sont pour moi une source inestimable d'informations, alors qu'elles sont perçues comme des vestiges mystiques sans grand intérêt pour plusieurs, sauf pour une poignée de mes collègues d'université.

Mon expérience en tant qu'être humain, sans parler de mon expérience en tant qu'érudit, m'incline à penser que je ne disposerai jamais assez d'informations. Jusqu'ici je n'ai jamais eu le temps de me procurer toute l'information dont j'avais besoin, et je me méfie habituellement d'avoir à faire des compromis entre mes besoins et les résultats de ma quête d'informations. La qualité n'a rien à voir avec la quantité de ce qui est disponible, et a tout à voir avec le caractère intellectuel et la discipline. Ce qui est perçu comme un trop-plein d'informations résulte principalement d'une culpabilité face à l'information : l'impression que nous devrions en chercher davantage. Certes, nous le devrions toujours, mais nous devons surtout faire des choix, filtrer les parasites, privilégier l'information de haute qualité et l'agencer selon l'usage que nous souhaitons en faire.

Il faut insister sur cet aspect car il met l'accent sur la nature de l'activité dans laquelle nous, les universitaires, évoluons. J'ai parlé précédemment des chemins de fer des années 1950 qui « pensaient » être dans le commerce du chemin de fer et qui se trompaient dangereusement. Si nous croyons que nous sommes dans le commerce de l'information, nous faisons la même erreur de confondre l'outil et le but. La force véritable du professeur a toujours résidé dans le fait qu'il était un organisateur, un évaluateur et, d'une certaine manière, un « processeur ». Si notre société voit dans la culpabilité qu'elle ressent face à l'information la confirmation d'un trop-plein d'informations, alors notre valeur en tant qu'organisateurs d'information devrait en principe monter en flèche. Serons-nous suffisamment intelligents pour le voir et pour réaliser et pour agir selon les principes du marketing de manière à en profiter? Si je me fie à notre performance antérieure, je ne miserais pas gros là-dessus.

Mais que coûterait-il de le faire?

Cela impliquerait que nous adhérions à une sagesse que nous reconnaissons tous mais qu'il nous répugne de mettre en pratique. Une telle sagesse qui consiste à faire contre mauvaise fortune bon cœur, ou plutôt, à découvrir que nous sommes capables de faire plus avec moins, et par cet oubli de soi à créer et à trouver les ressources, nous permettrait de faire mieux qu'auparavant. On peut tout au moins tendre vers cette sagesse même si on ne l'atteint pas. Dans un monde de plus en plus dépourvu de racines, cette sagesse consiste à connaître nos liens les plus importants et aussi à reconnaître ce dont nous pouvons nous passer.

Un des impacts visibles et constants de la technologie sur les organisations sociales est l'effritement des liens sociaux. Centimètre par centimètre, le réseau des contacts face-à-face du village primordial s'est aminci et dissous à mesure que des fils de plus en plus ténus nous reliaient à des personnes de plus en plus éloignées. Ce processus déconcertant se répète à l'infini. Nos universités sont elles-mêmes un produit de ce processus, en réunissant des personnes de classes et de lieux différents et en leur fournissant une perspective d'activités et d'intérêts communs. Dans le yin et le yang de cette réduction, les êtres humains travaillent naturellement à faire en sorte que les nouveaux liens soient plus forts et plus sécurisants, mais préparent ainsi le terrain pour une plus grande détérioration de nos liens sociaux.

La métaphore des « racines » n'est qu'une image, mais une image puissante dont nous nous servons souvent pour nous embrouiller. Nous parlons d'absence de racines alors qu'en fait elles sont tout simplement moins nombreuses ; si nous avons de la chance et sommes ingénieux, ces racines peuvent s'avérer plus tenaces et plus utiles. En outre, si nous avons moins de racines nous liant dans le présent à un passé authentique, nous aurons effectivement plus de liens vers l'extérieur. La plupart des gens, et assurément la plupart des professeurs, ont beaucoup plus de connexions horizontales plus significatives qu'on ne l'aurait cru possible dans les générations précédentes, et nous commençons à peine à apprivoiser l'idée d'apprendre que ces connexions traversent les continents et la terre entière en un clin d'œil par la magie du courrier électronique. La constellation de gens avec qui nous « parlons » va sûrement changer de façon spectaculaire et les personnes les plus près, celles dont les bureaux se juxtaposent dans le couloir, s'éloigneront toujours plus en tant qu'ex-étrangers sur un océan rendu plus grand dans sa réalité. (À moins naturellement, une hypothèse fort plausible, qu'il s'avère que nous passions plus de temps que jamais auparavant à communiquer en face-à-face et par courriel avec le collègue de la porte à côté.)

C'est un défi pour nos universités. Il allait de soi jadis que nous devions nous réunir dans de véritables communautés spécifiques (en face-à-face) pour trouver ou transmettre la connaissance. Le lieu physique de la bibliothèque, cette remarquable réalisation technique de l'éducation aux XIXe et XXe siècles, a été pour plusieurs disciplines un véritable point de mire. L'idée de réunir les étudiants et de gérer leurs affaires en masse a été un autre aspect du raisonnement typique du XIXe siècle aboutissant à la création de communautés universitaires, raisonnement maintenu en dépit du fait qu'elles ont grossi jusqu'à accueillir trente mille étudiants. Mais qu'advient-il de cette base économique que nous avons bâtie dans cette optique quand les étudiants commencent à avoir de moins en moins besoin de notre présence ou quand ils peuvent nous accorder de moins en moins la leur ? Si nous continuons à répondre aux seuls besoins de ceux qui viennent à nous et uniquement à ceux qui se soumettent à nos disciplines d'accréditation de quatre ans, nous avons toutes les raisons de nous attendre à ce que d'autres trouvent de nouvelles avenues pour faire notre « commerce traditionnel ». Nous devons donc faire preuve d'imagination pour nous refaire une présence virtuelle dans la société.

En considérant l'avenir, nous devons avoir une idée précise de la façon dont nous menons actuellement nos affaires. En apparence, l'université ressemble à un marché où les clients choisissent puis paient ce qu'ils désirent. Mais plusieurs de nos clients et clientes vivent l'université comme une expérience plus contraignante. On ne permet pas aux étudiants d'acheter seulement où et quand ils le désirent : ils soumettent une demande qui sera étudiée, et c'est seulement s'ils ont les qualifications pour remplir une des places limitées qu'on les laissera entrer. On peut toujours parler d'achat judicieux et s'imaginer avoir « accepté la meilleure offre », en pensant aux bourses d'études en termes de rémunération plutôt qu'en termes de réduction des prix. Une fois à l'intérieur, les étudiants sont soumis à un horaire et à des tâches fixées par quelqu'un d'autre, à des évaluations par des personnes en position d'autorité qui ont le droit de les renvoyer si leur rendement est insatisfaisant.

À certains endroits, l'enseignement supérieur épouse déjà un modèle plus franchement orienté vers la consommation. Il existe des collèges communautaires qui livrent des cours à leurs étudiants, à tout le moins dans leur quartier, et qui ne répondent strictement qu'à la demande et aux pressions du marché. Les programmes de cours à distance et de formation continue existent afin de répondre aux besoins de marchés qu'on avait négligés. Les petits collèges en difficulté ont découvert, bien qu'ils essaient de paraître sélectifs et traditionnels, qu'ils doivent utiliser des ressources appréciables en marketing pour rester en affaires. Dans l'Ivy League[15], une bourse d'études est encore un prix ; pour un pauvre petit collège catholique, c'est franchement une aubaine et une stratégie de marketing. Cette orientation vers la consommation fera graduellement sa marque dans un secteur toujours plus grand de l'enseignement supérieur. Nous devons prendre conscience que notre rhétorique de marché ne correspond pas à nos pratiques et que le changement pour rapprocher nos pratiques de notre rhétorique s'avérera troublant.

L'élément le plus menacé par ce changement est le rôle traditionnel du professeur. Le statut envié et controversé de titulaire n'est que le reflet d'un vieil espoir que l'enseignement ne soit pas qu'un simple emploi temporaire, mais une carrière, sinon une vocation. Les professeurs sont presque les derniers membres de la société à penser pouvoir encore se permettre de s'instruire lorsqu'ils sont jeunes pour poursuivre ensuite une seule carrière linéaire pendant le reste de leur vie professionnelle. Dans presque tous les secteurs de la société américaine de classe moyenne, la sécurité de telles carrières linéaires s'effrite un peu plus chaque jour dans un fatras de compressions budgétaires et de prises de contrôle. Les professeurs qui semblent aujourd'hui à l'abri ne devraient pas prendre cette sécurité pour acquise. En dehors des établissements d'enseignement traditionnels, l'enseignement reste un emploi comme les autres. Les programmes de formation en entreprise n'offrent aucune sécurité d'emploi et peu de continuité, sauf pour répondre à leurs besoins corporatistes. Leurs différences et leurs similitudes mettent encore l'accent sur l'homogénéisation singulière de nos établissements d'enseignement supérieur.

La question qu'il faut poser est celle-ci : est-il certain que la transmission des faits et l'inculcation des compétences aient besoin des expectatives, du prestige et de la protection du titulariat ? Le titulariat est sûrement menacé. Pouvons-nous encore offrir cette pro-

[15] Les universités dites de l'*Ivy League* sont huit universités du nord-est des États-Unis réputées pour la qualité de leur enseignement et qui ont créé une association visant à encourager les compétitions sportives interuniversitaires. Il s'agit des universités de Harvard, Yale, Pennsylvania, Princeton, Columbia, Brown, Dartmouth et Cornell. Le nom de cette « ligue du lierre » vient du fait que la plupart des bâtiments de ces prestigieux établissements sont recouverts de lierre.

tection, au moins lorsqu'elle représente une réelle valeur ? L'homme d'affaires remarquerait qu'on peut offrir des avantages sociaux à l'employé à la condition que tous les concurrents sérieux fassent de même. Les confortables conventions collectives des syndicats américains n'ont commencé à paraître extravagantes que lorsque sont apparus des concurrents qui n'offraient pas d'avantages comparables, tout en demeurant compétitifs. Une telle situation peut-elle se produire dans les universités ? Sommes-nous vulnérables, comme l'a été le reste de l'économie américaine, à de la concurrence imprévue ?

On peut déjà voir émerger certaines formes de concurrence. Le « secteur de la formation » de notre économie a pris de l'expansion au-delà du cadre des affaires en offrant des services aux étudiants traditionnels en dehors des établissements d'enseignement traditionnels : les cours préparatoires au MCAT[16], par exemple, récoltent une part des affaires des établissements d'enseignement traditionnels et il n'est pas difficile de s'imaginer un scénario où un programme de bons d'étude permettrait aux parents de décider où leurs enfants recevront la formation dont ils ont besoin. Beaucoup d'étudiants choisissent déjà un programme minimum avec un maximum de cours faciles — dans les universités de l'Ivy League, il y a traditionnellement des étudiants marginaux qui suivent les cours obligatoires de pré-médecine les plus difficiles offerts durant la session d'été par des universités moins exigeantes — et qui payent ensuite pour un cours préparatoire au MCAT pour s'assurer d'obtenir de bonnes notes au test. Une bonne éducation est une chose merveilleuse, mais cela vaut le coût de payer pour une bonne note au MCAT. Tant et aussi longtemps que *nous* du monde académique acceptons de jouer le rôle de distributeurs de diplômes, nous sommes vulnérables à la compétition qui offre un accès de plus en plus direct et économique à ce diplôme.

La vraie concurrence est vraisemblablement subtile, et elle vient de nous-mêmes. Elle est déjà présente dans le marché en plein essor des collèges communautaires, par exemple, qui offrent au public des cours sur deux ans plutôt que quatre, des horaires et des lieux de cours plus pratiques, des frais de scolarité plus bas et un cheminement plus

[16] MCAT: Medical College Admission Test. C'est l'examen d'entrée au Collège de médecine.

direct à des compétences et des diplômes spécifiques. Elle est déjà là dans le nombre grandissant d'étudiants qui n'empruntent pas la voie inflexible du programme de quatre ans, mais qui vont plutôt au collège en convoitant sur le marché de l'emploi, cherchent à se faire embaucher bien avant d'obtenir leur diplôme, et y renoncent lorsqu'une bonne position se présente. Si les étudiants commencent en grand nombre à penser que la valeur d'un diplôme est si limitée qu'il serait stupide de laisser passer une bonne perspective d'emploi, alors le vieux mythe selon lequel « Pour avoir un bon emploi, on a besoin d'une bonne éducation » commencera à s'effriter, et avec lui notre source d'influence dans la société.

En théorie nous pouvons imaginer que la concurrence culminera lorsque nous commencerons nous-mêmes à embaucher des sous-diplômés pour donner nos propres cours. En suivant le même raisonnement, si nous devons embaucher la compétence et l'utilité sans égard à la certification, la partie sera perdue.

Il est peut-être déjà trop tard. Durant les vingt dernières années, nul développement dans l'enseignement supérieur n'a plus de chances d'avoir d'effets à long terme sur nos structures universitaires que le changement visant à ce que de plus en plus de cours soient donnés, non seulement par des professeurs adjoints (ces non diplômés invisibles que nous prenons pour acquis) mais par un corps enseignant temporaire, non titularisé et sans possibilité de titularisation. Des parties du programme sont cédées, une à une, au corps enseignant marginal. Et c'est la part la plus facilement commercialisable que nous leur abandonnons.

Nous avons « dé-diplômé » ces gens en les privant de la perspective d'utiliser leurs diplômes de manière traditionnelle et ils doivent concurrencer avec nos étudiants pour des carrières qui leur sont de plus en plus refusées. Plutôt que de bâtir des établissements responsables qui offrent à la prochaine génération sa place à table, nous lui proposons un rôle subalterne sans espoir de permanence ou d'autorité — une vie de gitans érudits. Lorsque nous nous en inquiétons, nous le faisons essentiellement par sentimentalisme et par amour-propre : nous nous demandons si nous sommes suffisamment vertueux alors que nous devrions nous demander si nous sommes suffisamment égoïstes. Cette classe marginale d'enseignants est la plus grande menace à notre statut de mandarins.

Mais il existe encore une forme de concurrence que nous devrions anticiper : celle qui consiste à nous battre les uns contre les autres. Il n'est pas impossible d'imaginer que les humanités et les sciences sociales continueront à se quereller entre elles et avec les idéologues de tout acabit, et que les scientifiques qui avaient méprisé ces luttes découvriront que leur statut et leur accès aux ressources financières seront entraînés vers le bas dans le déclin général des réputations universitaires. Si cela se produit, la guerre de mépris mutuel entre disciplines qui couve déjà dans les débats universitaires pourrait devenir franche et ouverte. L'université du monde de cet après-guerre ressemblera tout à coup à un mélange[17] yougoslave de tribus incompatibles et mutuellement méfiantes, prêtes à se sauter à la gorge à tout moment. Le « nettoyage » qui s'ensuivra ne coûtera pas ou peu de vies, mais pourrait avoir dans l'ensemble un effet aussi draconien sur l'unité et l'harmonie des universités. Ce rêve de l'Antiquité d'une unité dans la connaissance a eu longue vie, mais il pourrait ne pas être immortel.

Quels principes peuvent nous aider à transcender ces scénarios déplaisants ? Les deux forces qui nous restent, le monopole du contrôle des diplômes et notre rôle de pourvoyeur unique de camps de jeunes pour quasi-adultes, sont menacées tout en offrant certaines perspectives.

Les entrepreneurs n'ont pas besoin de diplômes, les spécialistes techniques, oui. Quel est le modèle pour notre temps ? Durant les cinquante dernières années, un modèle technique nous a donné la clé

[17] En français dans le texte.

du marché des diplômes pour un large secteur de la société. Mais aujourd'hui, la vogue est à l'entrepreneurship et les étudiants dont je parlais, ceux qui disparaissent de nos classes pour se trouver un emploi, utilisent un modèle différent : ils saisissent l'occasion et voient les diplômes avec scepticisme.

Nous pourrions réagir de deux façons : (1) multiplier les perspectives d'études et (2) repenser, rationaliser et commercialiser notre attribution de diplômes. Pour réussir l'une ou l'autre, nous devons séparer l'enseignement de l'évaluation, le pédagogue nourricier du juge implacable. Le système américain combinant ces deux rôles est si profondément enraciné qu'il ne serait pas pratique de proposer un simple divorce, mais nous pouvons trouver de nouvelles manières d'offrir des accréditations dans des matières spécifiques qui soient séparées de notre enseignement de ces matières, et offrir ces diplômes par et avec le prestige et l'autorité de l'université. Nous pourrions préserver la « noblesse » du baccalauréat[18] si nous le désirons, mais rien ne nous empêche et tout nous encourage à augmenter le nombre de certificats de compétence, d'expertise et de formation que nous offrons. Ainsi nous pourrions inciter l'étudiant à temps partiel, l'étudiant autodidacte et l'étudiant mercantile à compter sur nous pour ce qu'ils considéreront comme une partie essentielle de leur éducation : la preuve qu'ils ont atteint certains standards.

Mais les certificats et les diplômes ne sont pas synonymes d'éducation, direz-vous ? Vous avez raison. Et si c'est une critique de ce que je viens de suggérer, c'est *a fortiori* une critique du système que nous administrons aujourd'hui — un système où nous fournissons une éducation et où les étudiants s'adressent à nous pour leurs certificats. Si nous pouvions penser ingénieusement à des façons de commencer à séparer ces deux processus, nous pourrions faire un travail d'évaluation plus juste et plus objectif et nous consacrer à faire un meilleur travail d'enseignement nourricier et ouvert pour lequel nous aimons nous croire doués.

---

[18] Aux États-Unis, les grades universitaires sont dans l'ordre : le baccalauréat, la maîtrise et le doctorat. Le baccalauréat américain est à peu près l'équivalent de la licence en France.

Reste à savoir si ce travail se fait mieux dans le cadre traditionnel universitaire du camp de jeunes. Nos vieux centres d'enseignement supérieur sont si encroûtés dans l'habitude et la fatuité (et dans sa contrepartie, le dégoût de soi-même dont on n'arrive pas à se départir), que j'en déduis que le changement a plus de chances de venir de sources externes.

Certaines de ces sources sont à portée de la main dans les départements d'enseignement à distance et de formation continue de nos universités. Les enseignants qui évoluent dans ces domaines y trouvent un enseignement très rémunérateur et une possibilité d'expérimenter, mais non la sécurité ni la possibilité d'intégration de « l'école de jour ». Ce sont sans contredit les secteurs les plus axés sur le marché au sein de l'enseignement supérieur établi : il n'y a pas d'auditoire captif dans les cours du soir.

Loin des campus des grandes universités, les petits collèges privés ont saisi une autre occasion de rentabiliser leurs activités. On remarque dans le paysage américain un grand nombre de ces petits collèges, souvent dans des endroits éloignés ou isolés. Ils incarnent souvent une communauté distincte de valeurs, religieuses ou autres, et représentent en même temps une interaction productive entre la province où ils sont situés et les régions éloignées. Si le devoir de l'enseignement supérieur est de créer un espace permettant à l'étudiant de passer de son foyer et de sa province jusqu'au vaste monde, ces collèges ont joué un rôle certain. Les plus prestigieux d'entre eux sont d'ailleurs très respectés.

Mais depuis une génération, en fait depuis que la réduction des ressources en enseignement supérieur a commencé au début des années 1970, les petits collèges se sont vus forcés de se cramponner à leur niche traditionnelle. Ils sont de taille modeste, ne disposent pas de fonds suffisants, ont trop de titulaires ; ils sont inadéquatement flexibles et incapables de concurrencer leur grands rivaux au niveau des programmes à offrir. Ils ont de la difficulté à monnayer leur réputation enviable.

Les plus grandes universités connaissent cette clientèle étudiante attirée à la fois par les options (académiques et sociales) du grand campus et l'intimité du petit collège. Quelques-unes de nos meilleures universités de recherche (peu nombreuses, il est vrai), offrent une telle combinaison. Pour le reste, les étudiants fréquentent pour la plupart les grandes universités, en nourrissant une sorte d'envie pour ce que les collèges plus petits peuvent fournir.

Ces petits collèges bénéficient d'une perspective enviable : celle de mettre l'accent sur leurs traditions d'enseignement interactif, centré sur l'étudiant et de proposer une orientation utilitariste qui lui assurera un avenir. Si les universités les plus grandes et les plus riches ne peuvent plus être un microcosme et offrir à tous les étudiants une gamme exhaustive de programmes, et si par ailleurs, l'enseignement ne consiste pas à rassembler les ressources mais plutôt à mettre les étudiants en contact avec celles du monde, alors l'avantage de la grande université sur la petite est en péril. Les collèges auront plus de difficulté que les grandes universités anonymes à se dégager de l'ornière du programme traditionnel de quatre ans. En contrepartie, les stages, les coopératives et d'autres programmes ayant pour effet de sortir l'étudiant du campus, tout en conservant un lien avec ses professeurs, sauront sûrement les aider.

Le modèle de la « garantie à vie » ou du « contrat de service » offert par un établissement d'enseignement supérieur est alléchant et certaines des grandes universités ont commencé à l'expérimenter. Comment l'adapter à plus petite échelle afin de donner à l'étudiant un cadre intellectuel de référence pour l'avenir comme pour le présent, voilà un défi qui suscitera non seulement une meilleure éducation, mais également une plus grande loyauté de la part des anciens diplômés. Cette fidélisation représente déjà une base durable de financement pour les meilleurs établissements privés, mais il s'agit d'une force qu'elles ne doivent pas laisser s'envoler.

Pour utiliser nos nouveaux outils technologiques afin de transformer l'éducation, nous devons d'abord savoir ce que nous voulons faire — connaître quel est le but de l'éducation. Les réflexions qui suivent sont nées de ma propre expérience à confronter médias et méthodes et ne se veulent que des suggestions, non des prescriptions : elles sont le fruit d'une expérience personnelle que je souhaite partager avec des collègues (d'où le titre de ce chapitre : « Pour professeurs seulement »), pour les évaluer et les réviser.

D'entrée de jeu, disons que la classe, à l'instar du théâtre, est un lieu de répétition des comportements qui seront utiles plus tard dans la vie. Certaines vieilles pratiques de nos universités (les conférences et les examens oraux) occultent parfois cette dimension. La section réservée aux laboratoires, séminaires et discussions en est un parfait exemple. Dans tous les endroits où l'enseignement est plus personnel, celui-ci crée un espace dans lequel les étudiants commencent à se comporter en adultes, à adopter les attitudes qu'ils devront avoir au moment d'assumer de vraies responsabilités. Le but d'un enseignement efficace est de combattre le laxisme de l'étudiant et de le pousser à l'activité. La meilleure classe est celle où l'étudiant commence à penser, à parler et à agir d'une manière nouvelle.

Cette classe est un endroit potentiellement effrayant parce que la plus grande part de notre pédagogie traditionnelle est basée sur l'administration contrôlée de l'humiliation. Lorsque nous exigeons de nos étudiants qu'ils fournissent des résultats, nous les menaçons implicitement du risque d'être embarrassés s'ils échouent. Nous ne pouvons ni ne devons leur épargner entièrement ce risque car cela réduirait la valeur de l'exercice, qui constitue une sorte de répétition générale en vue des situations plus menaçantes de la vie. Mais une grande partie de notre travail actuel est totalement dépassé : elle fournit des répétitions pour des situations faisant partie de mondes irréels et interprète mal la mesure d'embarras que peuvent absorber nos étudiants.

La tendance actuelle dans le milieu de l'enseignement suggère de mettre l'accent sur la collaboration, l'interaction et l'activité étudiante. Le séminaire, qui représentait un progrès pour son temps, encourage encore aujourd'hui les étudiants à prendre l'exemple sur un comportement qu'ils revivront toute leur vie dans les salles de conférence et les bureaux. Mais un séminaire composé d'une demi-douzaine d'exposés sans suite peut difficilement constituer une préparation à la vraie vie. Le séminaire pourrait prendre la forme d'un atelier commun, d'un groupe de travail produisant un résultat commun — ce qui constitue le fondement pédagogique de la méthode de « l'étude de cas »[19].

C'est ici que les médias électroniques peuvent contribuer à l'innovation. Une meilleure communication, la personnalisation et la multiplication des espaces, réels et virtuels, dans lesquels inviter les étudiants à travailler peuvent chacune améliorer ce modèle. L'étudiant incapable de fonctionner adéquatement en classe à cause des embarras qu'il anticipe trouvera dans ce type d'aménagement une place où il pourra répéter hors de la vue de ses collègues et de ses professeurs, qu'il rejoindra ensuite dans un espace commun lorsqu'il sera prêt. On peut adapter l'espace commun et l'aménager comme un décor de théâtre afin de le rendre vrai et formateur à plusieurs égards, alors que le travail privé se fait « hors scène ». Relier le travail privé à ce qui se passe en classe constitue le véritable travail de l'enseignement et devient le point idéal où concentrer l'attention lorsque la classe s'égare. Qu'attendons-nous de l'étudiant lorsqu'il est hors de vue ? Quels incitatifs pouvons-nous lui offrir qui le mèneront de façon réaliste au résultat escompté ? Et quel rapport cela a-t-il avec ce que nous attendons de lui lorsqu'il revient devant nous ?

De plus, le mythe implicite de notre tradition des arts libéraux consiste à préparer les étudiants à une vie plus sage et plus cultivée au-delà de l'université. De mon temps, au collège, cela se présentait sous la forme d'étudiants plus âgés conseillant à leurs cadets de suivre un cours d'histoire de l'art. Admirer des belles choses sur des diapositives était très agréable, et les notions apprises devaient suffire à ali-

[19] L'objection la plus répandue à cette suggestion est de savoir comment noter les individus pour un projet commun. La réponse correcte à cette question est d'insister encore sur la distinction entre l'évaluation formelle et l'enseignement en classe. Une classe bien structurée est celle où les étudiants recevront d'une manière dynamique les réactions à la fois de leurs confrères et de leurs professeurs d'une manière continue. Si à terme vous avez besoin d'un examen pour savoir comment fonctionne un étudiant, à mon avis vous n'avez pas très bien enseigné.

menter les conversations mondaines de toute une vie, bien que cette idée n'aie désormais plus beaucoup de poids. Si nous acceptons le modèle suggéré plus haut, celui voulant que nous exercions nos étudiants au comportement idéal dans les cours que nous donnons, leur fournissons-nous alors vraiment une éducation dans les arts libéraux ? Ou, sommes-nous encore en train de leur faire répéter l'analyse académique à distance ? Ou les plaisirs solitaires de la salle d'étude ? Pour aussi précieuses que je puisse croire ces vertus, leur puissance d'incitation n'est pas universelle.

Au lieu de cela, nous pourrions imaginer des cours en arts libéraux qui auraient comme première mission de « jouer » une vie culturellement enrichie dans des répétitions. Il va sans dire qu'une partie du matériel devra être achetée d'occasion : aucun campus n'a suffisamment d'œuvres de Léonard de Vinci pour les partager avec tous ses étudiants. Mais les expositions d'art visuel, les concerts, les conférences littéraires et les séances de poésie sont trop souvent séparées de l'exercice académique formel sous prétexte qu'elles ne sont pas suffisamment disciplinaires. On encourage les étudiants à assister aux concerts, mais on les *oblige* à assister aux conférences et on leur impose des tests oraux. Même si les œuvres ou les performances sont de moins bonne qualité que celles de Léonard de Vinci ou du Philadelphia Orchestra, nous pouvons faire de l'expérience commune de l'art visuel, de la musique et de la littérature un commerce de l'enseignement. (Je ne parle pas ici d'étudiants assis en rangs d'oignons dans une classe, à écouter la stéréo religieusement, mais de vraies salles, avec de vrais musiciens et musiciennes, et le tout suivi d'une discussion.)

Ces répétitions peuvent mener au moins en principe à des activités concrètes qu'un établissement d'enseignement pourrait organiser pour ses diplômés. La récente vogue des « collèges d'anciens » avait débuté en tant que vache à lait et astuce touristique. Elles sont encore trop empreintes du concept traditionnel de « collège », d'un retour à l'école, comme si l'école était un endroit pour s'isoler de la vie. Mais quand j'ai suivi mes cours d'art médiéval au collège par exemple, il était indigne de toute personne associée à mon alma mater de me suggérer d'aller voir certaines des œuvres d'art que j'étudiais. On nous disait d'où venaient ces œuvres et où elles étaient, mais seulement à titre de renseignement. Est-ce trop nous demander que de donner aux étudiants un programme concret ou même d'envisager la perspective qu'ils aient la possibilité de reprendre contact avec leurs professeurs pour approfondir des questions soulevées une fois qu'ils auront connu les vraies œuvres d'art, de musique et de littérature ? Les médias électroniques actuellement à notre disposition permettent de relier les communautés dans l'espace et le temps ; nous pourrions les utiliser sciemment pour relier les étudiants en une communauté d'expérience et de plaisir.

Les plus malins d'entre vous auront reconnu que mes suggestions de réforme ne font que simplement sauvegarder en majeure partie ce qui est déjà velléitaire dans nos universités. Nous luttons pour reprendre nos campus aux associations étudiantes et à leurs festivités trop arrosées, mais nos programmes pour étendre les activités académiques aux résidences universitaires sont plutôt modestes. Or la ligne fatidique séparant « l'école » des « activités hors programme » doit être systématiquement détruite, tout comme celle démarquant « l'école » de « la vie ». Si on se contente de déplacer graduellement la frontière, on ne fait que confirmer l'erreur initiale.

Une des façons d'éliminer cette frontière est d'être franc face au camp de jeunes. Faisons de la vie en résidence universitaire et de la vie sociale une partie intégrante du programme éducatif, traitant expressément de questions comme le mode de vie de nos étudiants, et les mettant au défi de se prendre au sérieux en tant qu'adultes en formation. Il n'y a après tout aucune raison pour qu'une résidence universitaire soit sordide, nauséabonde et jonchée d'ordures. C'est la permissivité des adultes et le fait que les étudiants confondent plaisir et liberté qui en sont responsables. On ne peut envoyer des moniteurs de résidence pour changer un tel environnement par la simple force d'un décret. Et je ne connais aucune université conventionnelle où corps enseignant et étudiants traitent ensemble de la nature et de la raison d'être de la vie de campus et cherchent dans un véritable esprit de rivalité et de collaboration à rendre chacun des aspects de cette vie aussi riche et humaine que possible. Il serait difficile de trouver le langage et la diplomatie pour y arriver, mais les résultats seraient électrifiants.

L'avenir appartient à l'université qui reconnaîtra et créera un marché pour la pédagogie sans frontière et sans peur, clairement distincte du processus d'évaluation et de décernement de diplômes. Nous pouvons ainsi commencer à percevoir comment surmonter les difficultés avec force afin de faire de nos campus un milieu d'apprentissage plus riche à tous points de vue. Les universités les plus anciennes et les mieux établies mettront sûrement plus de temps à changer.

Il serait ridicule de suggérer que l'approche dont je viens de parler serve de modèle à un changement général. Je ne suis pas naïf et je n'entretiens aucune attente, espérance ou crainte qu'elle le devienne. Toutefois, je crois que le changement commence par un élément à la fois et non par l'ensemble, et qu'il ne se produit pas en luttant contre le mal, mais en créant l'excellence, d'abord à une échelle réduite, puis à une grande échelle. Les principes et les modes d'emploi que je propose ne sont pas irrationnels en soi. Tout au plus, ils sont innovateurs et difficiles à réaliser dans des établissements traditionnellement inflexibles. Les véritables questions à se poser sont : serait-il possible, au moins pour certains d'entre nous, d'entreprendre des expériences dans cet esprit, pour voir ce qui fonctionne, pour faire des erreurs, pour tirer profit de ces erreurs et encourager ceux qui voudraient nous imiter ou apprendre de nous ? Si non, pourquoi ? (Vous avez deux heures : vous pouvez écrire sur chaque côté de la feuille ; pendant que vous écrirez, considérez une chose : les réseaux et outils électroniques que vous utilisez maintenant sont essentiels et implicites pour tout ce que dont j'ai parlé dans ce chapitre, mais j'y ai fait peu référence parce que la conversation doit se centrer sur les objectifs et les véritables motivations du corps enseignant et des étudiants à poursuivre ces objectifs avec les meilleurs outils mis à leur disposition.)

Chapitre Neuf

CASSIODORE OU LA VIE DE L'ESPRIT DANS LE CYBERESPACE

En 1962, la revue *National Geographic* commandait à Kenneth Setton, alors professeur d'histoire médiévale à l'Université de Pennsylvanie et par la suite membre de la faculté à l'Institute for Advanced Study à Princeton, un article sur les nouvelles idées de l'Europe du Moyen Âge, retraçant les façons dont l'érudition avait transformé les perceptions traditionnelles. Quand je suis tombé sur cette revue lorsque j'avais douze ans et que je vivais dans une ville frontière du sud-est des États-Unis (dont les liens avec cette Europe médiévale couraient plus directement vers le sud par le Mexique que vers le nord-ouest par les États-Unis), ce n'est pas tant le texte qui a attiré mon attention que les images.

La revue *National Geographic* avait eu recours à un artiste de la tradition des dessinateurs réalistes pour illustrer des moments clés de l'histoire médiévale. Plusieurs années plus tard, j'ai acheté un exemplaire de ce numéro dans une librairie de livres usagés afin de confirmer le souvenir que j'en avais gardé. Les images étaient horribles et saisissantes. Femmes et enfants blottis ensemble à la vue des flammes lors de la prise de Rome par Alaric et les Wisigoths en 410 ; Attila et les Huns festoyant dans un luxe hideux ; Charlemagne bouche bée à la vue des éléphants dont le sultan Hârûn Al-Rashîd lui avait fait présent ; et l'empereur Justinien affaissé sur son trône, désespéré de son règne, son épouse Théodora, féroce et hautaine, l'exhortant à prendre position contre les émeutiers menaçant sa couronne.

Au cours des années qui ont suivi, j'ai eu accès à des preuves anciennes qui appuyaient ces images et j'ai pouffé de rire dans l'église San Vitale à Ravenne en admirant les grandes mosaïques qui y étaient parfaitement préservées : j'ai découvert que l'artiste du *National*

Geographic avait emprunté son portrait de Justinien et Théodora, jusqu'aux moindres détails de l'habit, aux mosaïques hiératiques leur rendant hommage dans cette ville où ils n'avaient jamais mis les pieds. Les moments qu'on a choisi d'illustrer jouent chacun un rôle clé dans la structure de la partie médiévale de l'histoire occidentale familière. Les invasions sauvages, l'autodéfinition de l'Ouest contre l'Est, la civilisation contre la barbarie, telles sont les questions clés de cette histoire.

Et puis il y avait un portrait de Cassiodore : un vieux moine barbu légèrement voûté guidant des visiteurs dans des couloirs de pierre jusqu'à une salle monastique où d'autres moines s'occupaient à copier des manuscrits. L'image était, comme les autres, familière dans l'idiome — trop familière. Les moines, ai-je réalisé après coup, étaient trop médiévaux, pas assez antiques. La coutume des moines de copier les manuscrits est trop conventionnellement appropriée aux IXe ou XIe siècle, non au VIe.

Jeune, j'avais l'impression (à tort, comme les événements l'ont par la suite prouvé) que le sud-ouest américain était à un million de kilomètres de tout, qu'il n'y avait de civilisation que sur la côte est. À l'école secondaire, j'avais un engouement pour l'Université Columbia ; je lisais des livres de gens célèbres et moins célèbres qui l'avait fréquentée, surtout à ses débuts : Thomas Merton, Mortimer Adler, Moses Hadas, Irwin Edman, Mark Van Doren, Gilbert Highet. Le moment venu, j'ai été intimidé par la pierre des édifices et le danger de la ville, et j'ai donc opté pour un endroit plus idyllique pour m'orientaliser. Mais la ville de New York demeurait hors de tout doute, pour ce mordu des Yankees[20] que j'étais depuis ma tendre enfance, le centre du monde. Grandir dans le Sunbelt[21] ne signifiait pas nécessairement d'y envisager son avenir. En tant qu'adulte rencontrant d'autres réfugiés de l'ouest américain devenus professeurs des classiques, j'ai eu le sentiment que certains d'entre nous avaient choisi cette route parce que la frontière

[20] L'équipe de baseball.

[21] Les États du sud des États-Unis.

était trop loin d'un centre imaginé, et que le centre lui-même, la civilisation occidentale, avait un air d'exotisme et de romantisme, un air qu'il n'aurait pu avoir pour les BCBG qui étudiaient le grec et le latin dans les vieilles écoles privées de la côte est.

Presque dix ans après avoir lu ce numéro du *National Geographic*, je suis revenu à Cassiodore. J'avais alors déjà quitté le sud-ouest pour vivre dans des édifices de pierre faussement moyenâgeux sur un campus couvert de lierre, et je me suis retrouvé à répéter mon rôle de classique.

Une combinaison d'éducation catholique et l'heureux hasard de trouver un enseignement inspirant au collège a assurément fait de moi un classique du plus étrange acabit. Je ne me suis pas contenté d'adopter le passé classique. Il fallait aussi que j'intègre le christianisme du Moyen Âge à ma propre définition, et mon choix s'est arrêté sur le haut Moyen Âge. Bien que mes options politiques soient conventionnellement libérales, il s'agissait là de choix très conservateurs, favorisés par une université encore en grande partie sereinement intouchée — dans son dynamisme intellectuel — par tout ce qui avait pu se passer depuis environ 1950. (Northrup Frye est apparu à nos yeux comme un théoricien dangereusement avancé alors que, cinq années auparavant, la célèbre conférence à Johns Hopkins avait déjà fait connaître Jacques Derrida à une communauté de critiques américains fébriles.) Ma préoccupation particulière était Augustin, que j'acceptais avec plaisir comme le fondateur de traditions que je recevais avec beaucoup de transparence.

Mais il semblait que Cassiodore se soit mérité ma loyauté à court terme. Il était le sujet de thèse idéal : suffisamment ancien pour que les classiques consentent à parler de lui, suffisamment médiéval pour intéresser les médiévistes, et quand est venu pour moi le temps d'écrire ma thèse de doctorat, la prudence m'a incité à réfléchir à la façon de me présenter afin de plaire aux employeurs éventuels dans les départements classiques, d'histoire ou de religion (à l'époque où l'effondrement du marché de l'emploi académique rendait tout à coup importante la présentation). De plus, Cassiodore m'attirait en tant que personnage de transition : préservant les classiques pour le Moyen Âge, écrivant tout seul l'histoire et la théologie.

Cassiodore s'est avéré faire ce que j'en attendais, c'est-à-dire me fournir un sujet de thèse, un emploi et me permettre d'en faire le sujet d'une publication pour m'aider à conserver cet emploi. La meilleure critique qu'a reçue mon livre, négative sur beaucoup de points, mais encore très loin d'être la plus savante, intéressante et utile, s'intitulait : « Cassiodore dégonflé ». C'est avec reconnaissance que j'ai relu cette critique à plusieurs occasions, mais toujours en attardant ma réflexion à la fois sur son titre et sur son ton décevant. L'auteur de la critique a même oublié ce qu'elle avait écrit lorsque dix ans plus tard, dans la note en bas de page d'un manuel scolaire, elle mentionnait mon livre à l'appui d'une version plus optimiste de Cassiodore, alors que mon livre s'était acharné à le discréditer. D'autres critiques ont aussi été déçus, même lorsqu'ils en faisaient l'éloge. Un des critiques les plus élogieux l'a décrit quelques années plus tard comme un livre « déprimant » lorsqu'il me présentait à l'auditoire lors d'une conférence. Il est clair que Cassiodore répond à un besoin dans notre édification mentale de son époque transitoire, un besoin qui persiste au-delà de toute réfutation raisonnable et qui manifeste la puissance de l'histoire sous-jacente implicite à « notre » passé.

De toute manière, j'avais certainement à l'époque une idée vaguement consciente de la ressemblance de sa situation par rapport à celle de l'érudit chrétien d'aujourd'hui, et je n'ai pas hésité à l'écrire dans la préface de mon livre. C'était un livre du genre conservateur et traditionnel, avec quelques hypothèses prudentes et qui rassemblait beaucoup d'érudition, ou à tout le moins son apparence. En le relisant, vingt ans après l'avoir écrit, ce que j'ai remarqué, c'est que la facilité et la clarté de style y étaient pour beaucoup dans son mérite, mais qu'il était loin d'être révolutionnaire.

Après avoir écrit mon livre, j'ai donc délaissé Cassiodore.

Le temps a passé. J'ai su à l'instant même où j'ai entendu parler d'un appareil de traitement de texte (par William Gass durant l'une des interviews-variétés de Dick Cavett) que j'en voulais un, et je me suis procuré un « Kaypro II » dès son apparition sur le marché. La disquette à double densité d'une capacité de 191 Ko suffisait tout juste pour entreprendre un travail sérieux. Mes bonnes vieilles aptitudes à la machine à écrire (la seule forme de dextérité dont je puisse me vanter) m'étaient plus utiles que jamais, et aussitôt je me suis mis à remplir des disquettes. Quelques années plus tard, le besoin d'accéder à une base de données en ligne m'a poussé à acheter un modem, et j'ai commencé à utiliser le courriel. Environ un an plus tard, un collègue a eu l'idée de publier une revue de critiques de livres que j'ai proposé de publier sur Internet, et la *Bryn Mawr Classical Review* est née. Durant l'accouchement, nous avons encombré et fait tomber en panne des ordinateurs en utilisant d'énormes fichiers jusqu'à ce que nous comprenions que le « numéro » d'une revue électronique n'avait pas à imiter la revue imprimée qui devait tout regrouper pour être plus facile à distribuer. C'est donc par accident et par stupidité que nous avons entrevu ce que seraient certaines des caractéristiques du cyberespace : par exemple, la consommation synchrone de petits morceaux de texte.

Curieux et obsessif, avide d'utiliser les nouvelles technologies pour étendre la portée des communications, pour mettre en valeur l'enseignement et trouver de nouvelles façons de publier, je me suis mis à essayer de plus en plus de choses, certaines pédagogiques, certaines savantes. On a commencé à m'inviter à prendre la parole et à écrire, et j'étais heureux de le faire, me demandant toujours pourquoi il n'y avait pas plus de savants humanistes comme moi.

Et quelque part en cours de route, j'ai pris conscience de l'ironie de la situation. J'étais devenu comme Cassiodore. Non parce que j'étais chrétien et érudit, mais parce que je participais de façon consciente ou non à la tâche de créer pour les gens et les idées que j'estimais, une place dans ce nouvel environnement technologique où il nous était désormais possible de bâtir une communauté fonctionnelle. Les chapitres de ce livre relèvent ce défi d'une manière ou d'une autre, mais il m'apparaît utile d'expliciter davantage et d'examiner les possibilités d'une telle démarche.

J'ai essayé dans cet ouvrage d'utiliser et de considérer le passé comme une source déterminante de notre présent. Je suis traditionnel, consommateur et producteur de textes, un gardien de notre culture. J'écris au stylo à plume ; je constate, quand je déménage, que mes boîtes de livres sont cinquante fois plus nombreuses que mes boîtes d'ordinateur, et la plus grande pression économique que je ressens du cyberespace est lorsqu'une librairie en ligne m'incite à m'arracher de mon fauteuil sous l'impulsion de faire un achat complet (livraison dans deux jours ouvrables) en trois minutes. En même temps, on m'a donné la chance de vivre à l'avant-garde de bouleversements culturels passionnants. Ma plus grande confiance réside dans le fait que j'ai la responsabilité d'utiliser les privilèges qu'on m'a accordés pour contribuer à la sage navigation de ces bouleversements, même s'ils me laissaient, moi et ceux de mon espèce, sans emploi et incapable de travailler.

Et c'est de cette curieuse façon que j'en suis venu à *être* Cassiodore. Il a vécu sa vie adulte en tant que serviteur du peuple et aristocrate culturel. Il a débuté en Italie dans un monde stable mais nouveau sous l'autorité gothique et a passé, de façon intermittente, trente ans au service des rois. Son rôle était clair et bien défini, et il avait toutes les raisons d'espérer parvenir graduellement à une retraite distinguée et aisée. Mais, le monde s'est dérobé sous lui. Cassiodore a d'abord été lui-même arraché à sa patrie pour vivre dans un cocon privilégié, mi-invité, mi-otage, dans la Constantinople impériale, pour finalement retourner à son domaine ancestral. D'une certaine manière, il a pris sa retraite, mais le monde autour de lui avait tellement changé que même son domaine ne lui apparaissait plus le même. Qu'il ait choisi d'en faire un monastère, d'y construire une bibliothèque et d'y copier des livres n'était qu'une des réponses possibles à un ajustement nécessaire.

Cassiodore a choisi une voie qui a eu pour effet, en quelque sorte, de mettre du vin nouveau dans de vieilles bouteilles. Il a mis à profit les instruments, les coutumes et les espoirs culturels de l'ancienne culture romaine pour innover, créer une nouvelle sorte de bibliothèque. Cassiodore n'est pas un sauveur de la civilisation occidentale, et aucun d'entre nous ne devrait s'attendre à le devenir. Il était plutôt une personne seule et responsable qui a aidé au meilleur de ses aptitudes à façonner les institutions et les outils culturels dont son monde avait besoin. Qu'il ait accepté la perturbation de sa vie et de ses espoirs en prospérant malgré tout, et qu'il ait réussi à utiliser son passé et ses attentes avec assez d'ingéniosité pour l'aider à façonner l'avenir, sont des leçons qui peuvent drôlement nous servir.

NOTES BIBLIOGRAPHIQUES

Ces notes reconnaissent ma dette envers certaines idées et certaines informations. Elles proposent en même temps des livres et des articles qui illustrent cet ouvrage et en favorisent la discussion de diverses façons. Dans un monde submergé par la spéculation sur ce que sera le *cyberavenir*, un livre, déjà considéré comme un classique, mérite un public vaste et continu et je me dois de le mentionner : Richard Lanham, *The Electronic Word : Democracy, Technology and the Arts* (Chigago, 1993).

Introduction : L'érudit dans son cabinet

Pour le portrait de Jérôme, voyez l'article de Antonello da Messina, *St. Jerome in His Study : A Disguised Portrait?* Burlington Magazine 124 (1982) 27-29. Pour une histoire plus détaillée de l'idéalisation anachronique tardive de Jérôme (habituellement en tenue de cardinal), consultez le livre de Eugene F. Rice, *Saint Jerome in the Renaissance* (Baltimore, 1985).

Mes lectures de Machiavel et de More doivent beaucoup à des œuvres récentes des plus passionnantes sur la Renaissance, entre autres le livre de Stephanie H. Jed, *Chaste Thinking* (Indianapolis, 1989), sur la création par Machiavel de l'espace privé de l'écrivain moderne, et celui de Stephen Greenblatt, *Renaissance Self-Fashioning* (Chicago, 1980).

1. Le Phèdre : écoutant Socrate, lisant Platon

L'écriture est approximativement 2 500 ans plus ancienne que n'importe quelle des dates que je mentionne ici, mais l'héritage abondant qui nous est parvenu en écriture cunéiforme et le tout aussi riche trésor d'inscriptions hiéroglyphiques ne font partie d'aucun patrimoine littéraire ou philosophique moderne. Pour commencer l'histoire de l'« écriture » dès son début, consultez par exemple le livre de Jean Bottéro, *Mésopotamie : l'écriture, la raison et les dieux* (Paris, 1987).

L'extrait du passage du *Phèdre* sur l'écriture apparaît dans l'essai «La Pharmacie de Platon» de Jacques Derrida, paru dans *La Dissémination* (Paris, 1972). Les œuvres les plus accessibles de Eric Havelock sont *Preface to Plato* (Cambridge, 1963) et *The Muse Learns to Write* (New Haven, 1986). Le livre de Rosalind Thomas, *Oral Tradition and Written Record in Classical Athens* (Cambridge, 1989) trace un portrait méticuleux des nombreuses interactions entre la parole et l'écriture dans cette culture.

Les faits sur l'idéologie et les pratiques sexuelles des Grecs sont sans cesse sondés pour faire la lumière sur nos propres moeurs. Une cause judiciaire au Colorado a opposé deux violentes polémiques, d'une part le théoricien juridique John Finnis avec *Shameless Acts in Colorado : Abuse of Scholarship in Constitutional Cases*, Academic Questions 7:4 (1994), 10-41 ; et de l'autre la classique Martha Nussbaum avec *Platonic Love and Colorado Law*, Virginia Law Review 80 (1994), 1515-1651 ; à propos de cette controverse, lisez de D. Mendelsohn, *The Stand*, Lingua Franca 6.6 (1996), 34 - suiv. L'inaptitude de notre discours académique à se mettre d'accord sur la clarification d'une telle question est une limitation que l'on se doit de reconnaître : les érudits ne sont pas des « experts » à qui l'on devrait se référer.

2. De la bibliothèque d'Alexandrie à la bibliothèque virtuelle et au-delà

On ne peut pas parler de bibliothèques virtuelles sans penser avec admiration aux vraies bibliothèques et aux bibliothécaires. Une des attentes aberrantes implicites du rêve contemporain d'une bibliothèque virtuelle est que sa réalisation éliminera la nécessité des édifices, mais la bibliothèque virtuelle plait aussi à ceux qui érigent un édifice en réalité très grand : Gérald Grunberg, Conservateur de la Bibliothèque nationale de France, et Alain Giffard, son Directeur informatique, utilisent cette expression comme une des nombreuses approximations qu'ils tracent dans *New Orders of Knowledge, New Technologies of Reading*, Representations, 42 (1993), 89. Ce numéro de *Representation*s est entièrement dédié à la bibliothèque de l'avenir et offre un assortiment fascinant de discussions théoriques et pratiques axées en grande partie sur la Bibliothèque de France (le successeur de la Bibliothèque nationale dont je parle dans ce chapitre).

L'article original de Vannevar Bush, *As We May Think*, Atlantic Monthly, July 1945, est maintenant disponible en version intégrale sur le Web à http://www.cs.sfu.ca/CC/365/mark/material/notes/Chap1/VBushArticle/[22].

On devrait utiliser prudemment le mot « bibliothèque » en se référant aux anciennes collections ; on s'en sert trop facilement pour décrire des entités qui variaient de façon aberrante en taille et en nature, et leur trait commun d'avoir été créées et utilisées par des gens ayant des idées semblables, mais entièrement irréalistes, sur ce qu'elles étaient, ne devrait pas masquer le fait que le « livre » était pour les anciens une chose très différente de ce qu'il est aujourd'hui : non un texte pour digestion silencieuse, mais un outil pour les aider à répéter les mots à haute voix ; il n'est pas non plus une source « d'information », mais principalement une source de sagesse codée dans des poèmes ou des récits – une ancienne Classification décimale Dewey n'aurait pas négligé la « fiction », mais l'aurait placée au centre de la collection.

L'histoire de la bibliothèque d'Alexandrie est accessible mais tendencieuse lorsque racontée par Luciano Canfora dans *La véritable histoire de la bibliothèque d'Alexandrie* (Paris, 1988) ; une perspective plus sobre serait celle de Diana Delia avec *From Romance to Rhetoric : The Alexandrian Library in Classical and Islamic Traditions*, American Historical Review 97 (1992), 1449-1467. La soi-disant « Lettre d'Aristarque » fournit des chiffres sur la capacité de la bibliothèque (200 000 en main avec un objectif de 500 000) qui ont peu de valeur, mais qui donnent une idée de la quantité qu'elle pourrait « utopiquement » contenir.

On peut explorer les pratiques concernant les livres de l'âge du codex avec L. D. Reynolds et N. G. Wilson, *Scribes & Scholars : A Guide to the Transmission of Greek and Latin Literature* (Oxford, 1991) ; R. McKitterick, *The Carolingians and the Written Word* (Cambridge, 1989) ; et M. T. Clanchy, *From Memory to Written Record* (Oxford, 1993). Les débats contemporains au sujet du « canon » du texte d'autorité ne sont pas nouveaux, leur histoire est plutôt contiguë avec l'histoire du codex. Dès le début du VIe siècle par exemple, une liste appelée pseudo-

[22] Une traduction est aussi disponible à http://www.archipress.org/episteme/vannevar.htm.

gélasienne, *Decretum Gelasianum : De libris recipiendis et non recipiendis* (Décret sur les livres à accepter et les livres à rejeter), délimite les livres de la littérature chrétienne qu'on devait lire, qu'on pouvait lire, et qu'on ne pouvait pas lire – « l'Index » papal poursuit la voie que ce texte a ouverte. Cassiodore reviendra souvent à cette étude. Pour l'histoire de sa vie, je recommande J. J. O'Donnell, *Cassiodorus* (Berkeley, 1979), qu'on peut consulter intégralement sur le Web à http://www.georgetown.edu/faculty/jod/.

Pour la naissance de l'imprimé, on peut se référer aux ouvrages de L. Febvre et H-J. Martin, *L'Apparition du livre* (Paris, 1971), de E. Eisenstein, *The printing Press as an Agent of Change* (Cambridge, 1979), et (pour les spécialistes, mais avec d'intéressantes références aux changements technologiques modernes) de M. Giesecke, *Der Buchdruck in der frühen Neuzeit* (Francfort, 1991).

Pour un aperçu de la façon dont le discours dialogique peut supplanter le monologue, consultez en format imprimé de A. S. Okerson et J. J. O'Donnell, ed., *Scholarly Journals at the Crossroads : A Subversive Proposal for Electronic Publishing* (Washington, 1995) : le livre comprend un très sérieux dialogue prolongé par courriel, qui s'étend sur plusieurs mois et auquel participent des gens dans différents fuseaux horaires.

3. De la page du codex à la page Web

Pour la transition du rouleau vers le codex, lisez de C. H. Roberts et T. C. Skeat, *The Birth of the Codex* (Londres, 1983). Il vaut la peine de souligner que le manuscrit sur cuir a toujours été une chose dispendieuse. Le plus ancien manuscrit ayant survécu de la Bible complète en latin, le Codex Amiatinus, est maintenant à Florence ; les pages, de la dimension d'une feuille de papier à photocopier, ont été fabriquées à l'aide de 500 peaux de veaux et l'ouvrage pesait sous sa forme originale environ 40 kilogrammes. Le portrait de Esdras-Cassiodore provenant du Codex Amiatinus a souvent été reproduit ; une version en est disponible sur le Web à http://www.georgetown.edu/faculty/jod/.

Une certaine forme de codex ouvertement narratif survivra, ne serait-ce que pour la lecture en avion ; mais même là il faut souligner que la littérature expérimentale utilise déjà certaines formes d'hypertextes (voyez par exemple de M. Pavic, Dictionary *of the Khazars : A Lexicon Novel in 100,000 Words* [New York, 1988], distribué en éditions « mâle » et « femelle » marginalement différentes, avec un ordre alphabétique des entrées qui diffère nettement entre la traduction en anglais et la version originale en serbo-croate). Ce n'est qu'une question de temps avant que quelqu'un ne publie un roman policier qui devra se consommer en tant qu'hypertexte auto-créé aux proportions labyrinthiques. Pour en avoir un exemple, lisez de Julio Cortázar, *Hopscotch* (New York, 1967), un roman écrit bien avant l'idée pratique de l'hypertexte qui offre de multiples avenues par le biais de séquences différentes du même chapitre. À l'intersection du littéraire et du velléitaire technique, parcourez de G. Nunberg, ed., *The Future of the Book* (Berkeley, 1996).

On peut rapidement estimer l'état actuel des expériences en utilisant les nouveaux médias de publication en consultant NewJour, une archive en ligne des nouvelles revues électroniques : http://gort.ucsd.edu/newjour/.

4. La persistance de l'ancien et le pragmatisme du nouveau

On ne saurait rater l'ironie contemporaine de l'histoire de la Bible d'Urbino. Au début de 1993, une petite mais prestigieuse collection de livres précieux de la Bibliothèque du Vatican a fait une tournée des États-Unis après son exposition à la Library of Congress. Je fais partie de ceux qui ont eu la chance de la voir. Je me souviens encore très nettement de l'étalage de la première page du Livre de l'Apocalypse de la Bible d'Urbino, juste en entrant dans la salle d'exposition. Mais ce n'est plus pour moi qu'un souvenir et ce livre est aujourd'hui à bien des kilomètres d'ici et son accès est très restreint. La Library of Congress a donc eu une idée extraordinaire en numérisant les pages exposées à cette occasion et en les rendant disponibles sur Internet. On peut admirer cette même page de la Bible d'Urbino à l'adresse suivante : http://www.ibiblio.org/expo/vatican.exhibit/exhibit/a-vatican_lib/City_recovers.html. Avec un ordinateur adéquatement équipé, il est possible d'agrandir l'image, la recadrer et l'élargir de nouveau avec une remarquable précision du détail : je l'ai vue agrandie, à plusieurs fois sa taille originale, sur un écran de projection, mettant en évidence jusqu'au moindre détail la peinture du manuscrit. Je pense que même le duc Federigo serait impressionné ; bien que je concède que, pour lui, l'effet d'esthétique et de piété serait plutôt submergé par la magie technologique.

On peut avoir accès à une des passions du duc d'Urbino dans un autre cadre contemporain : le Metropolitan Museum of Art de New York a reconstitué avec le plus grand soin son « *studiolo* », une petite pièce finement lambrissée et décorée où le duc pouvait s'adonner à ses passe-temps les plus raffinés. Tenez-vous dans cette pièce en pensant à ses manuscrits et vous commencerez probablement à sentir les raisons de son dédain de l'imprimerie. L'étude de Reeve, « Manuscripts Copied from Printed Books » dans *Manuscripts from Fifty Years After the Invention of Printing*, ed., J. B. Trapp (Londres, 1983) 12-20, propose une vision différente fort intéressante. Lisez également Derolez sur Marcatellis, *The Library of Raphael de Marcatellis, Abbot of St. Bavon's, Ghent, 1437-1508* (Ghent, 1979) et « The copying of printed books for humanistic bibliophiles in the fifteenth century », dans *From Script to Book : A Symposium* (Odense, 1986), 140-160.

La citation de Nicolas de Lyre provient du livre de A. Minnis et A. B. Scott, *Medieval Literary Theory and Criticism ca. 1100 - ca. 1375* (Oxford, 1988) 269. Sur la pratique de la destruction des manuscrits, consultez le volume de Neil R. Ker, *Fragments of Medieval Manuscripts used as Pastedowns in Oxford Bindings with a Survey of Oxford Binding ca. 1515-1620* (Oxford, 1954).

Nicholson Baker, dans la revue *New Yorker* (4 avril 1994, p. 68 - suiv., réimprimée dans son livre *The Size of Thoughts* [New York, 1996]), fustige la destruction des vieux catalogues sur fiches des bibliothèques modernes dans les mêmes termes que ceux employés par les étudiants de la Renaissance à propos de l'extermination des vieux manuscrits au XVIe siècle. Dans les deux cas, le critique donne une valeur à l'objet culturel ancien en tant qu'objet rempli d'informations que ni son créateur ni son propriétaire n'ont décelées. Ce qui, dans le cas du manuscrit d'Aristote, constituait un guide transparent, à la sagesse des anciens, et dans le cas du catalogue sur fiches, au contenu de la collection d'une bibliothèque, devient à juste titre pour le savant humaniste un phénomène culturel opaque et fascinant. On peut accepter l'approche humaniste tout en se gardant de condamner les autres de remplir leur grenier de tous les objets culturels jamais fabriqués.

Il y a suffisamment longtemps que McLuhan est passé de mode pour valoir la peine d'être relu. Lisez surtout *La galaxie Gutenberg* (Montréal, 1978) et *Pour comprendre les médias* (Montréal, 1993), de même que George Steiner, « On Reading Marshall McLuhan », publié en 1963 et que Steiner reprend dans son livre *Langage et silence* (Paris, 1969).

Boèce (480-525), esprit universel, philosophe et homme d'État, a été l'auteur d'une impressionnante série de livres. Tombé dans les mauvaises grâces du roi gothique d'Italie, Théodoric, il a été exécuté pour trahison. Son livre *La Consolation de Philosophie*, écrit lorsqu'il était en prison, est un best-seller instructif : nous ne savons absolument rien à l'effet qu'il ait été ou non lu à son époque du VIe siècle et très peu par la suite jusqu'à ce qu'il devienne un des textes médiévaux les plus copiés à partir du IXe siècle. Si l'on prenait le canon des grands livres de la civilisation occidentale le moindrement au sérieux, *Consolation de Philosophie* serait beaucoup plus connu qu'il ne l'est aujourd'hui.

Hyperlien : à qui appartient cette idée?

Sur l'histoire du copyright, voyez l'ouvrage de Mark Rose, *Authors and Owners : The Invention of Copyright* (Cambridge, 1993).

On peut voir la châsse dans laquelle le manuscrit Cathach était gardé à http://www.georgetown.edu/faculty/jod/. Il existe un site Web pour Colomba qui le revendique comme le saint patron « des poètes, des plagiaires, des fouineurs et pirates de l'informatique », une distinction plutôt discutable.

5. Les Anciens et les Modernes : les classiques et les civilisations occidentales

Mon attention a été attirée sur le message implicite de Stalky par ma collègue Julia Gaisser, dont l'article *The Roman Odes at School : The Rise of the Imperial Horace*, Classical World 87.5 (1994), 443-456, est un bel exemple d'article de revue spécialisée qui peut à la fois informer et plaire.

Sur la Bataille des Livres en Angleterre, consultez le livre de J. Levine, *The Battle of the Books : History and Literature in the Augustan Age* (Ithaca, 1991) ; pour le climat culturel très différent mais très pertinent en France (avec certaines indications précises pour les mouvements culturels de notre temps), lisez de Joan DeJean, *Ancients against Moderns : Culture Wars and the Making of a Fin de Siècle* (Chicago, 1997).

Sur la *Black Athena* (New Brunswick, 1988-1991) de Bernal, voyez la collection d'essais (souvent polémiques), *Black Athena Revisited*, édité par M. R. Lefkowitz et G. M. Rogers (Chapel Hill, 1996).

L'essai de Simone Weil, « Réflexions sur le bon usage des études scolaires », paru dans son livre *Attente de Dieu* (Paris, 1950) a beaucoup de force ; semblable par son thème mais très différent par son contenu, l'ouvrage de Lawrence Weschler, *Seeing is Forgetting the Name of the Thing One Sees* (Berkeley, 1982), propose une étude de l'artiste minimaliste contemporain Robert Irwin, dont le titre a été tiré d'une phrase de Paul Valéry.

6. Augustin aujourd'hui : les récits linéaires et les avenues multiples

Ceux qui ont grandi dans une culture soi-disant chrétienne trouveront difficile de lire Augustin s'ils ne savent pas à l'avance ce qu'ils y trouveront. Certains des livres qui savent mettre ses mots en contexte incluraient de Peter Brown, *Power and Persuasion in Late Antiquity* (Madison, 1992) sur la transformation de la culture oratoire en un christianisme dominé par les évêques ; au sujet de cette culture oratoire, l'ouvrage de Maud Gleason, *Making Men : Sophists and Self-Presentation in Ancient Rome* (Princeton, 1995) expose un point de vue éclatant sur la question du décalage des sexes habituellement sublimée lorsqu'on lit une histoire semblable.

Le mémoire de Jacques Derrida est inclus dans *Jacques Derrida* (Chicago, 1993) de G. Bennington et J. Derrida.

7. Les nouveaux arts libéraux : l'enseignement dans le monde postmoderne

La blague sur les chemins de fer des années cinquante vient de Theodore Levitt, *Marketing Myopia*, Harvard Business Review 38 (July-August 1960), 45-57 : « Ils ont laissé les autres leur prendre des clients parce qu'ils se croyaient dans le commerce des chemins de fer plutôt que dans le commerce du transport. Ils ont défini incorrectement leur industrie parce qu'ils étaient axés sur les chemins de fer au lieu d'être axés sur le client » (p. 45).

J'ai appris par courriel, après l'avoir citée, que l'anecdote de la vieille scie évoquée par Mark Hopkins est attribuée au seul président américain à avoir été professeur de langues classiques, James A. Garfield[21], qui évoquait la longévité d'un président du Williams College au XIXe siècle.

9. Cassiodore ou la vie de l'esprit dans le cyberespace.

Les images de ce numéro de 1962 du *National Geographic* sont rassemblées à http://www.georgetown.edu/faculty/jod/. Il convient au thème de ces essais de divaguer un moment sur la mystérieuse surabondance des revues *National Geographic* jaunes dans nos sous-sols et dans les librairies de livres usagés. Notre société jette facilement ses journaux et ses revues, mais hésite à se débarrasser de ses « livres ». Il y a ici une curieuse révérence pour le mot imprimé, dont atteste notre répugnance à mettre à la poubelle les revues « de classe », comme *National Geographic* et l'*American Heritage*, dont la reliure a longtemps ressemblé à celle d'un livre. Au cours des dernières années, de plus en plus de revues, y compris des revues pornographiques, ont abandonné

[21] James Abram Garfield, 1831-1881, homme d'État américain, 20e Président des États-Unis (1881).

le brochage pour la « reliure allemande » mais ce changement n'a pas draîné le respect pour ces revues ni ouvert pour elles le marché des librairies d'occasion. Serait-ce possible que la surabondance de publications dans notre société nous ait sensibilisé à la nature des reliures ? Le *New Yorker* est encore broché et survit en bien moins grand nombre que le National Geographic.

La *Bryn Mawr Classical Review* et sa sœur, *The Medieval Review*, sont des revues de critiques de livres en ligne qui offrent des évaluations opportunes du travail qui se fait actuellement dans ces vastes domaines (les classiques et le Moyen Âge). Dans un sens elles sont spécialisées mais, parce qu'elles sont gratuites et facilement accessibles, elles ont su trouver un vaste lectorat parmi ceux qui souhaitent simplement en savoir davantage sur les mondes anciens et médiévaux et participer à l'enthousiasme des meilleurs esprits actuels qui travaillent dans ces domaines. Pour naviguer dans leurs archives, rendez-vous à l'adresse suivante : http://www.georgetown.edu/faculty/jod/.

BIBLIOGRAPHIE

Baker, Nicholson. 1996. *The Size of Thoughts.* New York : Random House. 355 p.

Bennington, Geoffrey ; Derrida, Jacques. 1993. *Jacques Derrida.* Chicago : University of Chicago Press. 417 p.

Boèce. 2002. *La consolation de Philosophie.* Paris : Les Belles Lettres. 188 p.

Bottéro, Jean. 1987. *Mésopotamie : l'écriture, la raison et les dieux.* Paris : Gallimard. 373 p.

Brown, Peter. 1992. *Power and Persuasion in Late Antiquity : Towards a Christian Empire.* Madison : University of Wisconsin Press. 192 p.

Bryn Mawr Classical Review : http://www.georgetown.edu/faculty/jod/.

Bush, Vannevar. 1945. « As We May Think ». *Atlantic Monthly,* July : http:www.cs.sfu.ca/CC/365/mark/material/notes/chap1/VBushArticle/.

Canfora, Luciano. 1989. *The Vanished Library ; A Wonder of the Ancient World.* Berkeley : University of California Press. ix, 206 p.

Clanchy, M. T. 1993. *From Memory to Written Record : England 1066-1307.* 2nd ed. Oxford : Oxford University Press. 330 p.

Cortazar, Julio. 1987. *Hopscotch.* New York : Pantheon Books. 576 p.

DeJean, Joan. 1997. *Ancients against Moderns : Culture Wars and the Making of a Fin de Siècle.* Chicago : University of Chicago Press. 216 p.

Delia, Diana. 1992. « From Romance to Rhetoric : The Alexandrian Library in Classical and Islamic Traditions ». *American Historical Review,* 97, p. 1449-1467.

Derolez, Albert. 1986. « The copying of printed books for humanistic bibliophiles in the fifteenth century ». In : *From Script to Book : A Symposium.* Odense : s.é., p. 140-160.

Derolez, Albert. 1979. *The Library of Raphael de Marcatellis, Abbot of St. Bavon's, Ghent, 1437-1508.* Ghent : E. Story-Scientia. xviii, 315 p.

Derrida, Jacques. 1993. *« La Pharmacie de Platon »*. In : *La dissémination.* Paris : Seuil. 445 p.

Eisenstein, Elizabeth L. 1979. *The Printing Press as an Agent of Change.* Cambridge : Cambridge University Press. 2 v. (794 p.)

Febvre, Lucien ; Martin, Henri-Jean. 1999. *L'apparition du livre.* Paris : Albin Michel. 588 p.

Finnis, John. 1994. « Shameless Acts in Colorado : Abuse of Scholarship in Constitutional Cases ». *Academic Questions,* 7 : 4, p. 10-41.

Gaisser, Julia Haig. 1994. « The Roman Odes at School : The Rise of the Imperial Horace ». *Classical World,* 87.5, p. 443-456.

Giesecke, Michael. 1991. *Der Buchdruck in der frühen Neuzeit.* Francfort : Suhrkamp Verlag. 944 p.

Gleason, Maud. 1995. *Making Men : Sophists and Self-Presentation in Ancient Rome.* Princeton : Princeton University Press. 256 p.

Greenblatt, Stephen. 1980. *Renaissance Self-Fashioning : from More to Shakespeare.* Chicago : University of Chicago Press. 321 p.

Grunberg, Gérald ; Giffard, Alain. 1993. « New Orders of Knowledge, New Technologies of Reading ». *Representations,* 42, p. 89.

Havelock, Eric Alfred. 1986. *The Muse Learns to Write : Reflections on Orality and Literacy from Antiquity to the Present.* New Haven : Yale University Press. 144 p.

Havelock, Eric Alfred. 1963. *Preface to Plato.* Cambridge : Belknap Press of Harvard University Press. 328 p.

Jed, Stephanie. 1989. *Chaste Thinking : the Rape of Lucretia and the Birth of Humanism.* Indianapolis : Indiana University Press. 174 p.

Jolly, P. H. 1982. Antonello da Messin's St. Jerome in His Study ; A disguised portrait ? ». *Burlington Magazine,* 124, p. 27-29.

Ker, Neil R. 1954. *Fragments of Medieval Manuscripts used asastedowns in Oxford Bindings with a Survey of Oxford ca. 1515-1620.* Oxford : Oxford Bibliographical Society. xx, 278 p.

Lanham, Richard A. 1993. *The Electronic Word : Democracy, Technology and the Arts.* Chicago : University of Chicago Press. 285 p.

Lefkowitz, Mary R. ; Rogers, Guy M., ed. 1996. *Black Athena Revisited.* Chapel Hill : University of North Carolina Press. 560 p.

Levine, Joseph M. 1991. *The Battle of the Books : History and Literature in the Augustan Age.* Ithaca : Cornell University Press. 448 p.

Levitt, Theodore. 1960. « Marketing Myopia ». *Harvard Business Review,* 38 (July-August), p. 45-67.

McKitterick, Rosamond. 1989. *The Carolingians and the Written Word.* Cambridge : Cambridge University Press. 308 p.

McLuhan, Marshall. 1978. *La galaxie Gutenberg : la genèse de l'homme typographique.* Montréal : Hurtubise HMH. 428 p.

McLuhan, Marshall. 2002. *Pour comprendre les médias : les prolongements technologiques de l'homme.* Montréal : BQ. 557 p.

The Medieval Review: http://www.georgetown.edu/faculty/jod/.

Mendelsohn, Daniel. 1996. « The Stand : Expert Witnesses and Ancient Mysteries in a Colorado Courtroom ». *Lingua Franca,* 6.6, p. 34+.

Messina, Antonello da. 1872. « St, Jerome in His Study : A disguised Portrait ? ». *Burlington Magazine*, 124, p. 27-29.

Minnis, Alastair J. ; Scott, A. Brian ; Wallace, David. 1988. *Medieval Literary Theory and Criticism ca. 1100-ca 1375.* Oxford : Oxford University Press. 538 p.

Nunberg, Geoffrey, ed. 1996. *The Future of the Book.* Berkeley : University of California Press. 306 p.

Nussbaum, Martha. 1994. « Platonic Love and Colorado Law ». *Virginia Law Review,* 80, p. 1515-1651.

O'Donnell, James J. 1979. *Cassiodorus.* Berkeley : University of California Press. 303 p. : (http://www.georgetown.edu/faculty/jod)

Okerson, Ann S. ; O'Donnell, James J. 1995. *Scholarship Journals at the Crossroads : A Subversive Proposal for Electronic Publishing.* Washington : Office of Scientific Academic Publishing. 250 p.

Pavic, Milorad. 1988. *Le dictionnaire Khazar : roman-lexique en 100 000 mots: exemplaire masculin.* Paris : P. Belfond. 256 p.

Reeve, M. D. 1983. « Manuscripts Copied from Printed Books ». In : Trapp, Joseph Burney, ed. *Manuscripts from Fifty Years After the Invention of Printing.* Londres : Warburg Institute. University of London.

Reynolds, Leighton Durham ; Wilson, N. G. 1991. *Scribes and Scholars : A Guide to the Transmission of Greek and Latin Literature.* Oxford : Oxford University Press. 321 p.

Rice, Eugene F. 1985. *Saint Jerome in the Renaissance.* Baltimore : Johns Hopkins University Press. 304 p.

Roberts, Colin Henderson ; Skeat, T. C. 1983. *The Birth of the Codex.* Oxford : Oxford University Press. 78, 3 f. de planches.

Rose, Mark. 1993. *Authors and Owners : The Invention of Copyright.* Cambridge : Harvard University Press. 192 p.

Steiner, George. 1999. « On Roading Marshall McLuhan ». In : *Langage et silence.* Paris : Éditions 10/18. 282 p.

Thomas, Rosalind. 1989. *Oral Tradition and Written Record in Classical Athens.* Cambridge : Cambridge University Press. 335 p.

Weil, Simone. 1977. « Réflexions sur le bon usage des études scolaires ». In : *Attente de Dieu.* Paris : Fayard. 253 p.

Weschler, Lawrence. 1982. *Seeing is Forgetting the Name of the Thing One Sees.* Berkeley : University of California Press. 215 p.

INDEX

transcontinental

Achevé d'imprimer
en août 2004 sur les presses de
Transcontinental Métrolitho

Imprimé au Canada — Printed in Canada